农业病虫害防治技术
（蔬菜）

袁培祥 杨 超 皇甫庭 主编

中国农业科学技术出版社

图书在版编目（CIP）数据

农业病虫害防治技术. 蔬菜／袁培祥，杨超，皇甫庭主编.—北京：中国农业科学技术出版社，2013.6

ISBN 978 - 7 - 5116 - 1311 - 0

Ⅰ.①农… Ⅱ.①袁…②杨…③皇… Ⅲ.①蔬菜 - 病虫害防治 Ⅳ.①S43

中国版本图书馆 CIP 数据核字（2013）第 136496 号

责任编辑	张孝安　白姗姗
责任校对	贾晓红

出 版 者	中国农业科学技术出版社
	北京市中关村南大街 12 号　邮编：100081
电　话	(010)82106638(编辑室)　(010)82109704(发行部)
	(010)82109709(读者服务部)
传　真	(010)82109708
网　址	http://www.castp.cn
经 销 者	各地新华书店
印 刷 者	北京富泰印刷有限责任公司
开　本	850mm ×1 168mm　1/32
印　张	6.625
字　数	166 千字
版　次	2013 年 6 月第 1 版　2014 年 6 月第 2 次印刷
定　价	19.8 元

农业病虫害防治技术（蔬菜）
编委会

前　言

我国蔬菜栽培历史悠久，蔬菜种类多，栽培面积大。特别是改革开放以后，我国经济迅速发展，蔬菜栽培面积进一步扩大，栽培形式更加多样，种类更加丰富，调运也更加频繁。同时，蔬菜病虫害种类也越来越多。从我国目前的实际情况看，从事蔬菜生产的大部分都是文化程度相对较低的农民，对病虫害不能正确识别和有效防治，造成蔬菜大面积减产，蔬菜病虫害已经成为蔬菜生产获得优质高产的最大威胁。因此，广大菜农急需一些方便实用的蔬菜病虫害图书来指导生产。

本书介绍了我国南方、北方十多种主要蔬菜常见病虫害，在防治技术中重点介绍了农药新品种、无公害防治技术等新方法、新技术，防治方法简单易操作。在编写过程中，作者结合其多年来从事优质蔬菜栽培及病虫害防治实践经验，详细介绍了瓜类、茄果类、豆类、块根类、叶菜类等16种栽培面积较大的蔬菜品种。病害部分从症状、病原、发病规律、防治方法4个方面进行详细介绍，虫害部分从学名、别名、为害特点、发生规律、防治方法5个方面进行介绍，力求让广大读者在使用中获得更多的知识，菜农在实际生产中操作更为有效。

本书通俗易懂，可供广大菜农、农技推广人员和农业院校相关专业人员阅读参考。

目 录

第一章　黄瓜主要病虫害及防治技术

一、黄瓜猝倒病

黄瓜猝倒病俗称"卡脖子"、"小脚瘟"、"掉苗"等，是瓜类及其他一些蔬菜幼苗期常见的一种病害。春季低温，天气阴冷，潮湿多雨，瓜苗常大片受害死亡。夏秋季若遇台风暴雨，也可使成片瓜苗倒伏死亡，是黄瓜苗期的主要病害。

1. 症状

此病主要在苗期发生，特别是 2 片真叶期以前最易感病。受侵害的幼苗在嫩茎基部，初始出现湿润状似热水烫伤的不定形病斑，病部很快变软缢缩，幼苗不能直立而倒伏，但此时子叶仍青绿，嫩茎中、上部亦不软缩，因此叫猝倒病。潮湿时病部会长出稀疏的白色棉絮状物，不久幼苗干枯死亡。如播种后未出土前幼芽受侵染，会引起烂种。

2. 病原

瓜类猝倒病病菌是由德里腐霉菌引起，该病菌属于鞭毛菌亚门真菌。

3. 发病规律

腐霉菌是一类土壤中常见的真菌，尤其在菜园土中普遍存在，寄生力较弱。猝倒病的初侵染来源主要是病残体或土壤中腐生的菌丝或休眠的卵孢子。病菌通过灌溉、农具耕作传播。幼苗出土前后，卵孢子或菌丝体长出的孢子囊萌发，侵染幼苗茎基，菌丝体能分泌果胶酶，使细胞壁和细胞崩解，组织软化。受侵幼苗发病后又长出新的孢子囊，传播后，只要条件适宜便可进行多次再侵染。多雨潮湿阴冷的早春，幼苗出土慢，生长缓慢，抗性弱，极易诱发猝倒病。但多雨潮湿的夏季，尤其台风暴雨后，若瓜田受浸亦易诱发猝倒病。

4. 防治方法

（1）苗床应选在避风向阳高燥的地块，要求既有利于排水，调节床土温度，又有利于采光，提高地温。

（2）选用耐弱光、耐低温、抗病品种。

（3）齐苗后白天苗床或棚温保持 25～30℃，夜间保持 10～15℃，防止寒流侵袭。苗床或棚室湿度不宜过高，连阴雨或雨雪天气或床土不干应少浇水或不浇水，必需浇水时可用喷壶轻浇以免湿度过高。

（4）及时检查，发现病苗立即拔除，及时喷洒 72.2% 霜霉威水剂 400～600 倍液或 58% 甲霜灵锰锌 800 倍液，每 7 天防治 1 次，连防 1～2 次。

二、黄瓜立枯病

立枯病是瓜果类蔬菜幼苗常见的病害之一，各菜区均有发生。育苗期间阴雨天气多、光照少的年份发病严重。发病严重时常造成秧苗成片死亡。

1. 症状

该病多发生在育苗的中、后期。主要为害幼苗茎基部或地下根部，初期在幼苗茎基部产生椭圆形暗褐色病斑，带有轮纹，病部向里凹陷，扩展后围绕一圈致使茎部萎缩干枯，造成地上部叶片变黄，前期病苗白天萎蔫，夜晚恢复，病斑逐渐扩大后绕茎一周，木质外露，最后病部收缩干枯，叶片萎蔫不能恢复原状，幼苗不倒伏，逐渐干枯死亡。

2. 病原

该病菌称立枯丝核菌，属半知菌亚门真菌。

3. 发病规律

幼苗生长衰弱、徒长或受伤，易受病菌侵染。当床温在20～25℃，湿度越大时发病越重。播种过密、通风不良、湿度过高、光照不足、幼苗生长细弱的苗床易发病。

病菌以菌丝体或菌核在土壤中或病残组织上越冬，腐生性较强，在土壤中可存活2～3年，病菌从伤口或表皮直接侵入幼茎、根部引起发病。病菌借雨水、灌溉水传播。

4. 防治方法

（1）苗床加强通风，排湿，增加光照。

（2）温汤浸种，用55～60℃温水浸种10分钟。

（3）苗床土壤可用99%恶霉灵原粉1克/平方米加细土5千克，进行消毒。

（4）发现中心病株后及时拔除，带出苗床集中销毁，并喷药保护。药剂可选用10%苯醚甲环唑3 000倍液，采取喷淋法施药。喷药后及时通风透气。

三、黄瓜根腐病

该病是非嫁接黄瓜的主要病害。主要为害根和根茎部。各地普遍发生，一般在结瓜期发病，蔓延快，为害重，损失大。一般病株率在15%左右，严重者达30%，造成较大损失。

1. 症状

主要侵染根及茎部，初期呈水浸状，后期腐烂。茎缢缩不明显，病部腐烂处的维管束变褐，不向上发展，区别于枯萎病。后期病部水腐，留下维管束呈丝麻状。病株地上部初期症状不明显，后期叶片中午萎蔫，早晚尚能恢复。严重的则多数不能恢复，最终枯死。

2. 病原

该病菌为腐皮镰孢菌，属半知菌亚门真菌。

3. 发病规律

病菌发育适温 24～28℃，最高 32℃，最低 8℃，一般低温对病菌发育有利。日光温室内南侧和两端发病重，植株长势弱的发病重，低洼积水的地方发病重，一般有发病中心。发病时病程快，给防治带来了一定困难，

病原以菌丝体、厚垣孢子或菌核在土壤中及病残体上越冬。尤其是厚垣孢子可在土中存活 5～6 年或 10 年，成为主要侵染源。病菌从根部伤口侵入，后在病部产生分生孢子，借雨水或灌溉水传播蔓延进行再侵染。

4. 防治方法

（1）有条件的与十字花科、百合科作物实行 3 年以上轮作。

（2）采用高畦栽培，认真平整土地，防止大水漫灌及雨后田间积水，苗期发病要及时松土，增强土壤透气性。

（3）发病初期喷洒或浇灌 70% 甲基硫菌灵可湿性粉剂 500倍液，或 50% 多菌灵可湿性粉剂 500 倍液，或配成药土撒在茎基部。

四、黄瓜霜霉病

黄瓜霜霉病又称跑马干或瘟病，是一种流行性很强的真菌病害，各地普遍发生。特别是在保护地种植条件下，为害更为严重。该病主要为害叶片，发生严重时，能在短时间内使大部分叶片干枯，损失十分严重。

1. 症状

此病主要为害叶片，各个生长期都有发生。幼苗期发病，子

叶上产生水渍状病斑，随后褪绿呈鲜黄色，扩大后变黄褐色干枯，叶背面密生紫黑色霉层。叶片发病，初生呈水渍状病斑，逐渐变浅黄色或鲜黄色，病斑受叶脉限制，多呈多角形，扩大后连接成大病斑，呈黄褐色干枯，发病严重时病叶从叶缘向上卷曲。在早晚及空气湿度高时背面病斑上长出浓密紫黑色霉层。抗病品种病斑小，圆形或多角形，产生黄褐色枯斑，霉层稀疏。

2. 病原

该病菌称古巴假霜霉菌，属鞭毛菌亚门真菌。

3. 发病规律

此病的发生发展与温度、湿度有密切关系。孢子囊产生最适温度为 15～19℃；但空气湿度低于 60% 则不产生，超过 83% 以上大量产生。孢子囊萌发最适温度为 15～22℃。叶面必须有水膜或水滴，易从气孔侵染发病。气温 20℃，当空气相对湿度饱和时，经 6～12 小时便侵染，3～4 天后发病。田间始发期平均气温 15～16℃，流行气温为 20～24℃，高于 30℃或低于 15℃时发病受抑制。多雨潮湿有利本病发生。如气温 15～24℃，降雨次数多或大雾、重雾，病害容易流行发生。地势低洼、种植过密、通风不良、肥料不足、瓜秧生长衰弱等，也易诱发霜霉病。

南方或北方有温室或塑料大棚，周年均可种植黄瓜的地区，病菌在病叶上越冬或越夏；北方冬季不能种植黄瓜的地区，则靠季风从邻近地区把孢子囊吹去，该病主要侵害功能叶片，幼叶片和老叶片受害少。

4. 防治方法

（1）因地制宜选用抗病品种。如津杂 1 号、2 号、3 号、4 号，中农 1101，夏青 2 号，郑黄 2 号，夏丰 1 号，早丰 1 号等新品种。保护地可选用津杂 3 号、4 号、中农 5 号等品种。

（2）加强栽培管理，通过通风、地面覆膜、滴灌等节水措施降低棚内湿度，特别是减少夜间结露；在病害发生后可实行

"高温闷棚"等措施，都可以有效地抑制病害。

（3）发病初期可采用下列药剂防治，72%霜脲锰锌可湿性粉剂 800 倍液、90%乙膦铝可湿性粉剂 500 倍液、72.2%霜霉威水剂 700 倍液等药剂喷洒。要注意药剂交替使用，细致喷洒植株叶片正反两面。每 7 天防治 1 次，连喷 2～3 次。

五、黄瓜疫病

黄瓜疫病在全国各黄瓜产区均有发生，其中，北方秋黄瓜、南方春黄瓜发病较重。黄瓜疫病可造成黄瓜大面积死亡，减产幅度在 20%左右，是黄瓜生产中的重要病害之一。

1. 症状

黄瓜整个生长期都能受害，幼苗感病时，多从嫩尖发生，初为暗绿色水渍状萎蔫，最后干枯秃尖状。叶片上产生圆形或不规则形、暗绿色、水渍状病斑，边缘不明显，扩展很快，湿度大时腐烂，干燥时呈青白色，易破碎。茎基部也易感病，造成幼苗死亡。成株发病主要在茎节部产生暗绿色水渍状病斑，病部显著缢缩，病部以上的叶片全部萎蔫，一株上往往有几处节部受害，最后全株萎蔫枯死。维管束不变色。卷须、叶柄的症状同基部，叶片的症状同苗期。瓜条受害，多从花蒂部发生，病部皱缩呈暗绿色软腐状，表面长有灰白色稀疏霉状物，病果迅速腐烂。

2. 病原

该病菌为疫霉属的黄瓜疫病菌，属鞭毛菌亚门真菌。

3. 发病规律

病菌发育的温度范围为 5～37℃，最适为 28～30℃。在适于发病的温度范围内，雨季的长短、降雨量的多少是病害流行的决定性因素。雨季来得早，雨日持续久，降雨量大，则发病早，病情重，损失大。地下水位高，地势低洼，雨后不能迅速排水，浇水过多或水量过大，田间潮湿，发病都重。老菜区发病重。平畦栽培比垄栽发病重。秋黄瓜晚播发病也重。

病菌以菌丝体、卵孢子或厚垣孢子随病残体遗留在土壤中越冬。第二年菌丝体接触到感病寄主或卵孢子和厚垣孢子，通过雨水、灌溉水传播到寄主上，萌发后直接穿过表皮进入寄主体内。植株发病后，在潮湿的条件下，病斑上产生孢子囊，孢子囊或所萌发的流动孢子又借风、雨传播，进行再侵染。

4. 防治方法

（1）选用抗病品种。在疫病流行区应选用津杂3号和津杂4号等津杂系列抗病品种。

（2）推广高畦种植，便于小水灌溉和及时排除雨后积水，不利于病菌的传播蔓延，从而减轻病害。

（3）发病初期，应及时喷药保护。防治效果比较好的药剂有：58%甲霜灵锰锌可湿性粉剂750倍液，64%恶霜灵锰锌可湿性粉剂600倍液，90%乙膦铝可湿性粉剂600倍液等药剂，7～10天1次，一般用药3～4次。

六、黄瓜灰霉病

黄瓜灰霉病是黄瓜保护地栽培中常发生的一种病害，近年来发生呈逐年加重的趋势。由于果实常常受到侵染而引起腐烂。菜农常常称之霉烂病。一旦发病，不能及时防治，就会造成严重损失，一般减产2～3成。

1. 症状

黄瓜灰霉病多从开败的雌花开始侵入，初始在花蒂产生水渍状病斑，逐渐长出灰褐色霉层，引起花器变软、萎缩和腐烂，并逐步向幼瓜扩展，瓜条病部先发黄，后期产生白霉并逐渐变为淡灰色，导致病瓜生长停止，变软、腐烂和萎缩，最后腐烂脱落。

叶片染病，病斑初为水渍状，后变为不规则形的淡褐色病斑，边缘明显，有时病斑长出少量灰褐色霉层。高湿条件下，病斑迅速扩展，形成直径 15～20 毫米的大型病斑。茎蔓染病后，茎部腐烂，瓜蔓折断，引起烂秧。

2. 病原

该病菌称灰葡萄孢，属半知菌亚门真菌。

3. 发病规律

光照不足、低温高湿是灰霉病发生蔓延的重要条件。棚室温度在 15～20℃，放风不及时，发病往往偏重。气温高于 30℃ 或低于 4℃，相对湿度在 94% 以下，病害停止蔓延。

病菌以菌丝或分生孢子及菌核附着在病残体上，或遗留在土壤中越冬，成为次年的初侵染源。病菌靠气流、水溅及农事操作等传播蔓延。病菌通过发病的瓜、叶、花上产生分生孢子不断传播，进行再侵染，引起发病。萎蔫的花瓣和较老的叶片尖端坏死部分最容易被侵染。黄瓜结瓜期是该病侵染和烂瓜的高峰期。

4. 防治方法

（1）栽培防治。多施充分腐熟的优质有机肥，增施磷、钾肥，以提高植株抗病能力。栽培方式应采用高畦栽培和地膜覆盖，以降低温室大棚及大田湿度，阻挡土壤中病菌向地上部传播。注意清洁田园，及时摘除枯黄底叶、病叶、病花和病瓜，特别当灰霉病零星发生时，立即摘除病组织，带出田外或温室大棚外集中做深埋处理；适当控制浇水，露地黄瓜应及时中耕，搞好雨后排水，减少田间相对湿度。

（2）药剂防治。发病初期，可选用 40% 咪酰胺悬浮剂800～1 200倍液、50% 扑海因可湿性粉剂 1 000 倍液、50% 速克灵可湿性粉剂 1 000 倍液、65% 抗霉威可湿性粉剂 1 000 倍液等药剂喷洒。

（3）温室大棚还可选用 10% 速克灵烟剂，或 45% 百菌清烟剂每亩200~250克熏烟。烟剂应于傍晚关闭棚室后施用，第二天通风。喷洒药液，施用烟剂，可单独使用，也可交替使用，以各种药剂交替使用为最好。两次用药间隔一般为7天左右，用药间隔时间、次数视病情而定。

七、黄瓜白粉病

白粉病俗称"白毛病"，是瓜类作物上的一种常见病害，在我国南北方的露地栽培、大棚栽培和温室栽培的黄瓜上都有发生。由于近年来白粉病产生一定抗药性，而且一年四季均可发病，给防治带来一定难度。一般年份减产在10%左右，流行年份减产在20%~40%。

1. 症状

苗期至成株期均可发生，主要侵害叶片，亦为害茎部和叶柄，一般不为害果实。以叶片受害最重，其次是叶柄和茎。发病初期，叶片正面或背面产生白色近圆形的小粉斑，逐渐扩大成边缘不明显的大片白粉区，布满叶面，好像撒了层白粉。抹去白粉，可见叶面褪绿，枯黄变脆。发病严重时，叶面布满白粉，变成灰白色，直至整个叶片枯死。白粉病侵染叶柄和嫩茎后，症状与叶片上的相似，唯病斑较小，粉状物也少。

2. 病原

白粉病是由二孢白粉菌或单丝壳菌侵染所致，属于子囊菌亚门的白粉菌属和单丝壳属。

3. 发病规律

黄瓜白粉病的发生需要适中的温湿度条件，发生温度10~30℃，以20~25℃最适，相对湿度在75%为最适宜。在6月、7月间忽晴忽雨易流行，此外在空气不流通，管理粗放、施肥、灌水不当，偏施氮肥、植株徒长、枝叶过密、株间湿度大、光照不足、植株长势弱的情况下发病严重。

以闭囊壳随病残体留在地面上越冬。南部地区和温室中病菌以菌丝体在病株活体上越冬。子囊孢子和分生孢子主要以气流传播，萌发产生出芽管直接侵入寄主体内。第二年春末夏初、气温上升到20℃以上时，它便从闭囊壳中释放出子囊孢子，靠气流进行传播，落到寄主表面，又开始了一年的寄主生活。

4. 防治方法

（1）选用抗病品种。一般抗霜霉病的品种也抗白粉病。

（2）栽培管理。干旱年份适当多浇水，保持瓜秧生长旺盛，及时摘除病老叶，增施磷、钾肥，增强植株抗病性。

（3）药剂防治。重点在零星发生或发病初期施药，常用药剂有25%醚菌酯悬浮剂1 500倍液，或25%的腈菌唑乳油1 500倍液，或50%的甲基托布津1 000倍液等药剂，7～10天1次，连喷2～3次。

八、黄瓜枯萎病

黄瓜枯萎病又称萎蔫病、死秧病，黄瓜整个生育期均可发病，结瓜期为害最为严重，短期连作发病率5%～10%，长期连作发病率达30%以上，重者引起大面积死秧，一片枯黄，造成严重减产。

1. 症状

枯萎病在整个生长期均能发生，以开花结瓜期发病最多。苗期发病时茎基部变褐缢缩、萎蔫猝倒。成株发病时，初期受害植株表现为部分叶片或植株的一侧叶片从下向上逐渐萎蔫，中午萎蔫下垂，似缺水状，但早晚可恢复，数天后不能再恢复而萎蔫枯死。主蔓茎基部纵裂，将病茎纵切可见维管束呈部分红色。潮湿时，茎基部半边茎皮纵裂，常有树脂状胶质溢出，上有粉红色霉状物。

2. 病原

该病菌称尖镰孢菌黄瓜专化型，属半知菌亚门真菌。

3. 发病规律

重茬次数越多，病害越重。土壤高湿是发病的重要因素，根部积水，促使病害蔓延。高温是病害发生的有利条件，病菌发病适宜土温为 20~23℃，低于 15℃ 或高于 35℃ 病害受抑制。氮肥过多以及酸性土壤不利于黄瓜生长而利于病菌活动，在 pH 值为 4.5~6 的土壤中枯萎病发生严重，地下害虫、根结线虫多的地块病害发生重。施用未充分腐熟的有机肥，植株根系发育不良，天气闷热潮湿，或秧苗老化、种植密度过大、养分不足的地块都易于发病。

病菌以菌丝体、菌核和厚垣孢子在土壤、病残体和种子上越冬，在土壤中可存活 5~6 年或更长的时间，也可在未腐熟的肥料或附着在种子上、温室、大棚架上越冬，翌年条件适宜时形成初侵染，在病部产生分生孢子，病菌随种子、土壤、肥料、灌溉水、昆虫、农具等传播，通过根部伤口侵入，进入黄瓜细胞间隙和细胞内生长，并进行多次再侵染。以后进入维管束，使植株萎蔫，甚至全株中毒死亡。

4. 防治方法

（1）选用抗病品种。黄瓜品种间对枯萎病的抗性差异明显。中农 5 号、7 号、8 号，津春 3 号等品种均较抗病，可根据栽培季节选用适宜品种。

（2）种子消毒处理。用 55℃ 左右温水浸种 15 分钟，或用 50% 多菌灵可湿性粉剂拌种，用药量为种子重量的 0.1%。

（3）注意茬口安排。实行轮作，与非瓜类蔬菜 3 年以上轮作，可减少土壤中病菌。

（4）重视土壤消毒。选用无病土育苗，特别是育苗床土，要使用未发生过枯萎病的土壤进行育苗。每平方米用50%多菌灵8克处理畦面。定植前每亩用50%多菌灵2千克，混入细干土30千克，混匀后均匀撒入定植穴内。

（5）嫁接防病。嫁接防病一般采用黑籽南瓜做砧木嫁接黄瓜。

（6）加强栽培管理。实行测土配方施肥，施用充分腐熟的优质有机肥。农事操作中注意减少伤口，提高栽培管理水平。严防大水漫灌，做到小水勤浇。适当多中耕，提高土壤透气性，使根系苗壮，增强抗病力。

（7）黄瓜进入开花结果期，应加强防治，田间发现病株后应及时拔除，并迅速施药防治，可用70%的甲基硫菌灵600倍液+70%敌磺钠可溶性粉剂600倍液灌根，每株200毫升左右，视病情7~10天后可再灌1次。

九、黄瓜黑星病

黄瓜黑星病近十几年来各地均有不同程度发生，是黄瓜重要病害之一，在许多地区呈迅速扩展蔓延之势，为害日趋严重，并在部分地区成为为害保护地黄瓜的重要病害之一。

1. 症状

黄瓜黑星病在黄瓜整个生育期均会侵染发生，为害部位有叶片、茎、卷须、瓜条及生长点等，以植株幼嫩部分如嫩叶、嫩茎和幼果受害最重，而老叶和老瓜对病菌不敏感。

侵染嫩叶时，起初在叶面呈现近圆形褪绿小斑点，进而扩大为2~5毫米淡黄色病斑，边缘呈星纹状，干枯后呈黄白色，后期形成边缘有黄晕的星状孔洞。嫩茎染病，初为水浸状暗绿色菱形斑，后变暗色，凹陷龟裂，湿度大时病斑长出灰黑色霉层。生长点染病时，心叶枯萎，形成秃桩。卷须染病则变褐腐烂。

幼瓜和成瓜均会发病。起初为圆形或椭圆形褪绿小斑，病斑处溢出透明的黄褐色胶状物（俗称"冒油"），凝结成块。以后病斑逐渐扩大、凹陷，胶状物增多，堆积在病斑附近，最后脱落。湿度高时，病部密生黑色霉层。接近收获期，病瓜暗绿色，有凹陷疮痂斑，后期变为暗褐色，空气干燥时龟裂，病瓜一般不腐烂。幼瓜受害，病斑处组织生长受抑制，引起瓜条弯曲、畸形。

2. 病原

该病菌为瓜疮痂枝孢霉，为半知菌亚门真菌。

3. 发病规律

黄瓜黑星病对温度的适应范围较广，病菌 9 ~ 36℃ 均可发育，但发育最适宜温度为 20 ~ 22℃，相对湿度 93% 以上。病菌喜弱光，在春季温度低、湿度大、透光不好的温室内发病早而严重。

病菌以菌丝体随被害植株茎、叶、卷须等在田间土壤中或附着于架材、大棚支架上越冬，成为次年的初侵染源；病菌也可以分生孢子附着在种子表面，或以菌丝体潜伏在种皮上越冬。种子带菌是该病远距离传播的重要途径。播种带病种子，病菌可直接侵害幼苗。

4. 防治方法

（1）选用抗病品种。品种之间对黑星病的抗性存在明显差异，如津春 1 号、中农 13 号、吉杂 2 号等高抗黑星病品种。中农 7 号等保护地栽培品种对黑星病的抗性也较强。

（2）种子消毒。用 55 ~ 60℃ 温水浸种 15 分钟，或 50% 多菌灵可湿性粉剂 500 倍液浸种 20 分钟后冲净催芽。直播时可用种子重量 0.3% 的 50% 多菌灵可湿性粉剂拌种。

（3）设施消毒。定植前用烟雾剂熏蒸棚室（此时棚室内无蔬菜），杀死棚内残留病菌。生产上常用硫磺熏蒸消毒，每 100

立方米空间用硫磺 0.25 千克、锯末 0.5 千克混合后分几堆点燃熏蒸 1 夜。

（4）加强管理。黑星病属低温高湿病害，早春大棚及冬季温室经常发生，加强田间管理，栽培时应注意种植密度，升高棚室温度，采取地膜覆盖及滴灌等节水技术，及时放风，以降低棚内湿度，缩短叶片表面结露时间，可以控制黑星病的发生。

（5）药剂防治。黑星病的防治重点是及时，发病初期可用 25% 醚菌酯悬浮剂 1 500 倍液，或 40% 氟硅唑 1 000 倍液，每 7 天 1 次，连续防治 3 ~ 4 次。

十、黄瓜炭疽病

黄瓜炭疽病近年来发生不断趋重，是由引进的种子带菌所造成的。春秋两季均有发生，防治难度较大，对生产影响巨大。

1. 症状

黄瓜苗期到成株期均可发病，幼苗发病，多在子叶边缘出现半椭圆形淡褐色病斑，上生橙黄色点状胶质物，即病原菌的分生孢子。重者幼苗近地面茎基部变黄褐色，逐渐细缩，致幼苗折倒。叶片上病斑近圆形，直径 4 ~ 18 毫米，棚室湿度大，病斑呈淡灰色至红褐色，略呈湿润状，严重的叶片干枯。在高温或低温条件下，症状常具有不同表现型，易与叶斑病混淆。主蔓及叶柄上病斑椭圆形，黄褐色，稍凹陷，严重时病斑连接，包围主蔓，致植株一部或全部枯死。瓜条染病，病斑近圆形，初呈淡绿色，后为黄褐色或暗褐色，病部稍凹陷，表面有粉红色黏稠物，后期常开裂。叶柄或瓜条上有时出现琥珀色流胶。

2. 病原

本病由刺盘孢侵染所致，属半知菌亚门刺盘孢属真菌。

3. 发病规律

湿度是诱发本病的主要因素，在湿度 97% 以上、温度 24℃ 左右，发病最盛，温度高于 28℃ 时发病很轻。过多地施用氮肥、排水不良、通风不好、植株衰弱或连作地，发病均较重。瓜果的抗病性，随着果实的成熟度而降低，所以贮藏运输期间发病也很重。

病菌主要以菌丝体和拟菌核在病残株上或地里越冬，附着在种子表皮黏膜上的菌丝体也能越冬。越冬后，病菌在越冬器官上产生大量分生孢子，是田间发病的重要初侵染来源；潜伏在种子上的菌丝体，可以直接侵入子叶引起幼苗发病。分生孢子在适宜的条件下，萌发产生附着器和侵入丝侵入寄主，并在当年形成的病斑上产生分生孢子盘及分生孢子，进行再次侵染。分生孢子主要通过流水、雨水、甲虫和人畜活动进行传播。摘瓜时瓜果表面常带有大量的分生孢子，在贮藏运输中病菌也能侵入发病。

4. 防治方法

（1）选用无病种子及种子消毒。从无病株、无病果中采收种子，播种前进行种子消毒。方法有：用 55℃ 温水浸种 15 分钟，或用 100 倍福尔马林浸种 30 分钟后清水洗净播种。

（2）加强栽培管理。选择排水良好的沙壤土种植，避免在低洼、排水不良的地块种瓜。重病地应与非瓜类作物进行 3 年以上的轮作。施足基肥，增施磷、钾肥，雨季注意排水，西瓜的果实下最好铺草垫瓜，以防止瓜果直接接触地面。收获后及时清除病蔓、病叶和病果。

（3）药剂防治。发病初期及时喷药保护，常用的药剂有：25% 醚菌酯悬浮剂 1 500 倍液、25% 溴菌腈可湿性粉剂 700 倍液、25% 咪酰胺乳油 2 000 倍液。每 7 ~ 8 天喷 1 次，连续防治 3 ~ 4 次。

十一、黄瓜黑斑病

黑斑病是近年来黄瓜新发生的病害，俗称烤叶病、烧叶病。温棚及露地黄瓜均可发生，以温棚黄瓜受害较重。如条件适宜，此病在短期内即能造成流行，严重影响黄瓜产量。

1. 症状

黄瓜黑斑病从苗期到成株期均可发生。该病只侵染叶片，而且是自下而上发展，最后可能只剩下顶端几片好叶。初期为水渍状斑点，随后发展成绿豆到黄豆大小的病斑。病斑多呈圆形，叶正面稍有突起，表面粗糙。病斑直径多为 5~6 毫米，最大 10 毫米左右。取病叶背向亮处可见到病斑中心颜色浅近白色，向外一圈为黄褐色，再向外为褪绿色的晕圈，叶背病斑部分常呈水渍状。病斑多出现在叶脉间并沿叶脉发展，叶脉和叶柄一般不受害。如果条件适宜可迅速扩大连结，最后连成叶片枯焦，叶缘向上卷起，但不脱落。

2. 病原

黄瓜黑斑病是由格链孢属的瓜格链孢菌引起的一种真菌病害。

3. 发病规律

该病的发生主要与黄瓜生育期温湿度关系密切。坐瓜后遇高温、高湿，该病易流行，特别浇水或风雨过后病情扩展迅速，土壤肥沃，植株健壮发病轻。

该病菌以菌丝体或分生孢子在病残体上或粘附在种子表面越冬，借气流或雨水传播，分生孢子萌发可直接侵入叶片。

4. 防治方法

（1）农业措施。选用无病种瓜留种，轮作倒茬，施用腐熟有机肥，增施磷、钾肥，提高植株抗病力。科学浇水，严防大水漫灌。

（2）药剂防治。发病初期于傍晚喷撒 5% 百菌清粉尘剂，每亩*每次 1 千克。也可于傍晚点燃百菌清烟剂，每亩每次 200~250 克，隔 7~9 天 1 次，视病情连续或与粉尘剂交替轮换。还可喷洒 25% 啶氧菌酯悬浮剂 800 倍液，或 10% 苯醚甲环唑水分散颗粒剂 1 000 倍液，或 50% 克菌丹可湿性粉剂 400 倍液等防治。

十二、黄瓜蔓枯病

黄瓜蔓枯病是影响黄瓜产量的重要病害。在黄瓜开始大量结瓜时，如遇高温高湿的天气，短短几天内，瓜蔓便会整垄整片萎蔫，常引起烂蔓死株。尤其是管理较差的秋冬茬黄瓜上发生较多，如不及时防治一般减产 15%~30%，严重则减产 50% 以上。

1. 症状

蔓枯病主要为害瓜蔓，叶与果实亦能受害。病蔓开始在近节部呈褪绿色油渍状斑，稍凹陷，有时溢出黄白色流胶，干燥后红褐色，后期病茎干枯并纵裂，表面散生黑色小点，即病菌的分生孢子器及子囊壳，严重时引起"烂蔓"。叶片病斑近圆形，黄褐色。后期病斑易破裂，病斑轮纹不明显，上有许多黑色小点。

2. 病原

该病菌称为甜瓜球腔菌，属子囊菌亚门真菌。

3. 发病规律

病菌喜温暖、高湿条件，适宜温度 20~25℃，相对湿度 85% 以上。保护地栽培通风不及时、种植密度过大、光照不足、空气湿度过高时发病重。露地栽培主要在夏秋雨季发生，雨日多，或忽晴忽雨，天气闷热等气候条件下易流行。平畦栽培、排水不良、缺肥以及瓜秧生长不良等情况会加重病情。

---

* 亩 = 666.7 平方米

病菌主要以分生孢子器或子囊壳随病残体在土壤中越冬，种子也可带菌传播。翌年春季条件适宜时，病菌从水孔、气孔、伤口等处侵入，引起发病。

4. 防治方法

（1）实行 2~3 年轮作。

（2）从无病株上选留种子，及时清除病株，深埋或烧毁。

（3）采用配方施肥技术，施足充分腐熟有机肥。

（4）发病初期喷洒 2.5% 咯菌腈悬浮种衣剂 1 500 ~ 2 000 倍液，或 25% 咪酰胺乳油 1 000 倍液，在发病初期全田用药，3~4 天防 1 次，连喷 2~3 次。

十三、黄瓜菌核病

黄瓜菌核病在越冬茬和冬春茬温室黄瓜中发生较重，主要表现为死秧，一般减产 20% ~ 30%。

1. 症状

黄瓜菌核病从苗期至成株期均可发生，主要为害茎秆和果实。茎部染病初为水浸状病斑，逐渐扩大呈淡褐色，病部变软、腐烂，长出白色棉絮状菌丝，后期菌丝密集成鼠粪般黑色菌核。瓜条染病，多从顶花处开始，初为水渍状腐烂，渐向瓜条内发展，长出大量白色菌丝。低温、高湿的环境有利于病害加重。

2. 病原

该病菌为子囊菌亚门的真菌核盘菌。

3. 发病规律

该病菌对水分要求较高。相对湿度高于 85%，温度在 15 ~ 20℃利于菌核萌发和菌丝生长、侵入及子囊盘产生。因此，低温、湿度大或多雨的早春或晚秋有利于该病发生和流行，菌核形成时间短，数量多。连年种植葫芦科、茄科及十字花科蔬菜的田块、排水不良的低洼地或偏施氮肥或霜害、冻害条件下发病重。此外，定植期对发病有一定影响。

菌核遗留在土中或混杂在种子中越冬或越夏。混在种子中的菌核，随播种带病种子进入田间，或遗留在土中的菌核遇有适宜温湿度条件即萌发产出子囊盘，放散出子囊孢子，随气流传播蔓延，侵染衰老花瓣或叶片，长出白色菌丝，开始为害柱头或幼瓜。在田间带菌雄花落在健叶或茎上经菌丝接触，易引起发病，并以这种方式进行重复侵染，直到条件恶化，又形成菌核落入土中或随种株混入种子间越冬或越夏。

4. 防治方法

（1）土壤消毒。播种或定植前除净落叶、杂草和根茬，及时对地表喷施 70% 甲基托布津 500 倍液进行消毒处理，杀灭土壤中病菌。

（2）加强田间管理，提高植株抗病能力，及时摘除有病的叶、花、果，清除落地残花，防止病原落入土中；避免大水漫灌，注意放风降湿。

（3）药剂防治。发现病株及时拔出并带出集中烧毁，并喷施 50% 扑海因悬浮剂、40% 菌核净可湿性粉剂 600 倍液，每 7～10 天喷药 1 次，连续 2～3 次。

十四、黄瓜细菌性角斑病

黄瓜细菌性角斑病是黄瓜上的重要病害之一，常在田间与黄瓜霜霉病混合发生，病情发生趋势没有霜霉病迅速，对黄瓜生长影响没有霜霉病严重。

1. 症状

主要为害叶片，苗期至成株期均可受害。幼苗期子叶染病，开始产生近圆形水浸状凹陷病斑，随后变为褐色并逐渐干枯。成株期叶片上初生针头大小水浸状斑点，病斑扩大受叶脉限制呈多角形，黄褐色。湿度大时，叶背面病斑上产生乳白色黏液，即菌脓。干后形成一层白色膜或白色粉末状物，病斑后期质脆，易穿孔。茎、叶柄及幼瓜条上病斑水浸状，近圆形至椭圆形，后呈淡灰色，病斑常开裂。潮湿时瓜条上病部溢出菌脓，发病严重时可侵染果肉组织，使果肉变色，并蔓延到种子，使种子带菌。病瓜后期腐烂，有臭味，幼瓜被害后常腐烂、早落。

2. 病原

病原称丁香假单孢杆菌黄瓜角斑病致病型，属细菌。

3. 发病规律

病菌在种子内或随病残体在土壤中越冬，成为来年初侵染源。湿度是发病的重要条件，低温、高湿、重茬的大棚发病重。病苗发病的温度为 20～30℃，适温 25℃左右，该病在低温多雨的年份发生普遍。

病原菌随病残体在土壤中或以带菌种子越冬，为翌年初次侵染菌源。种子上的病菌在种皮和种子内部可存活 1～2 年，播种后直接侵染子叶，病菌在细胞间繁殖，借雨水反溅、棚顶水珠下落、昆虫等传播蔓延，病菌靠种子远距离传播病害。土壤中的病菌通过灌水、风雨、气流、昆虫及农事作业在田间传播蔓延。

4. 防治方法

（1）无病瓜上采种。种子用 55℃ 温水浸种 15 分钟，清水冲洗后催芽播种。

（2）加强栽培管理。重病田与非瓜类蔬菜轮作 2 年以上施足基肥，增施磷、钾肥，雨后做好排水，降低田间湿度。

（3）清洁田园。生长期及时清除病叶、病瓜，收获后清除病残株，深埋或烧毁。

（4）药剂防治。发病初期可选用 72% 的农用链霉素 3 000 倍液或 20% 叶枯唑可湿性粉剂 500 倍液，每 7～10 天喷 1 次，连续

3～4 次。

十五、黄瓜病毒病

黄瓜病毒病是由病毒侵染引起的系统性病害，不同年份发生程度有所差异，春季保护地栽培和秋季露地栽培黄瓜均可发生。

1. 症状

幼苗期及成株期均可发病。幼苗期发病，子叶变黄枯萎，真叶出现黄绿相间花叶状。病叶小而皱缩，变硬发脆。成株发病，顶部叶片出现黄绿相间的花叶状。病叶小而皱缩，叶片变厚，叶缘向背面卷缩，变硬变脆，节间短缩，植株矮小。严重的发病植株，簇生小叶，不结瓜或结瓜很少，萎缩枯死。瓜条发病，呈现深绿及浅绿相间的花色。表面凹凸不平，瓜条畸形。

2. 病原

主要是黄瓜花叶病毒（简称 CMV）和甜瓜花叶病毒（简称 MMV），有的地方还有烟草花叶病毒（简称 TMV），单独或复合侵染引起。

3. 发病规律

病毒喜高温干旱的环境，最适发病环境温度为 20～25℃，相对湿度 80% 左右；最适病症表现期为成株结果期。发病潜育期 15～25 天。高温少雨，蚜虫、温室白粉虱、蓟马等传毒媒介昆虫大发生的年份发病重。防治媒介害虫不及时、肥水不足、田间管理粗放的田块发病重。

病毒随病株残余组织遗留在田间越冬，也可由种子带毒越冬。病毒主要通过种子、汁液摩擦、传毒媒介昆虫及田间农事操作传播至寄主植物上，进行多次再侵染。

4. 防治方法

（1）因地制宜选用抗耐病丰产良种。

（2）及时防治传毒媒介害虫。

（3）加强肥水管理，尤应定期或不定期喷施叶面营养剂，使植株稳生稳长，增强抗耐病力。

（4）发病初期及时连续喷药控病。可连续喷20%盐酸吗啉胍可湿性粉剂500倍液，或1.5%植病灵1 000倍液，或83增抗剂100倍液，也可试用0.1%~0.2%磷酸氢二钾+0.2%肥皂作叶面肥用，或5%菌毒清水剂300倍液，或高锰酸钾600倍液，2~3次或更多，隔7~10天1次，前密后疏，喷匀喷足。

十六、黄瓜根结线虫病

黄瓜根结线虫病，分布很广，我国各地均有发生。

1. 症状

主要发生在根部，侧根或须根上。须根或侧根染病后产生瘤状大小不等的根结。解剖根结，病部组织里有很多细小乳白色线虫埋于其内。根结之上一般可长出细弱的新根，致寄主再度染病。地上部表现症状因发病的轻重程度不同而异，轻病株症状不明显；重病株发育不良，叶片中午萎蔫或逐渐枯黄，植株矮小，影响结实，发病严重时，甚至会全田枯死。

2. 病原

此病是由南方根结线虫侵染所致。

3. 发病规律

根结线虫发育的适宜温度为25~30℃，27℃时繁殖1代需25~30天，幼虫在10℃时停止活动，55℃经10分钟死亡。线虫多在20厘米深土层内活动，以3~10厘米土层内最多。根结线虫是好气性的，凡地势高燥、土质疏松的中性沙土，适宜根结线虫的活动，因而发病重。土壤潮湿、黏重、板结的田块，不利于根结线虫的活动，故发病较轻。

根结线虫以二龄幼虫在土壤中越冬。雌虫当年产的卵不孵化，留在虫瘿（瘤肿内）中，随病残体在土壤中越冬。翌年环境条件适宜时，越冬卵孵化为幼虫。也有以幼虫在土壤中越冬，幼虫侵入寄主前，在土中作短距离移动，寻找寄主。幼虫多从嫩根部分侵入，刺激被害寄主细胞加速分裂，使受害处形成肿瘤或根结（虫瘿），根结线虫就在虫瘿内发育。幼虫发育至三龄时开始两性分化，四龄时性成熟，并开始交尾产卵。雄虫不久离开寄主在土中死亡。孵化的一龄幼虫留在卵壳内，到二龄才出卵壳，并离开寄主植物到土中，寻找新的侵染点，进行再次侵染或在土中越冬。

4. 防治方法

（1）合理轮作。病田与水田轮作。可种植甜椒、葱、蒜、韭菜等抗病蔬菜，或种植受害轻的速生小菜以减少土壤中的线虫量，控制发病或减轻对下茬的为害。

（2）无病土育苗。用稻田土或草炭育苗或播前苗床土消毒，培育无病苗，严防定植病苗。

（3）深翻25厘米以上，施用充分腐熟的有机肥。

（4）收获后田间彻底清除病残株，集中烧毁或深埋可用以沤肥。

（5）用低毒高效农药，如98%必速灭微粒剂5千克/亩拌成毒土沟施或穴施，也可以将药土施于地面，边施边翻耕耙地，耙平后2~3天再栽种，可收到一定的防治效果。对病株可用1.8%阿维菌素乳油1 000倍液或40%辛硫磷乳油1 000~1 500倍液灌根，每株200毫升，7~10天灌1次，可连续灌2~3次。

十七、瓜 蚜

瓜蚜是蔬菜、棉花等作物上的主要害虫，分布广泛，具有多食性。瓜蚜除为害瓜类外，还可为害豆类、菠菜、洋葱以及其他蔬菜作物。

1. 学名

Aphis gossypii Glover，属同翅目蚜科。

2. 别名

又称棉蚜、腻虫、蜜虫等。

3. 为害特点

蚜虫隐藏在叶片背面、嫩茎及生长点上群集为害，以刺吸式口器吸食作物汁液，使细胞受到破坏，生长失去平衡，叶片向背面卷曲皱缩，严重时植株停止生长，甚至全株萎蔫枯死。为害时并传播病毒，还排出大量的蜜露污染叶片和果实，引起煤污病菌寄生，影响光合作用。

4. 发生规律

华北地区每年发生 10 多代，于 4 月底产生有翅蚜迁飞到露地蔬菜上繁殖为害，直至秋末冬初又产生有翅蚜迁入保护地。北京地区以 6~7 月虫口密度最大，为害严重，7 月中旬以后因高温高湿和降雨冲刷，不利于蚜虫生长发育，为害减轻。

5. 防治方法

（1）清理田园。及时清除黄瓜田内和地头上的杂草，处理残枝败叶，消灭滋生蚜虫的场所。

（2）物理和生物防治。利用黄板诱杀，采用银灰色薄膜进行地面覆盖或在大棚、温室等田间悬挂银灰色薄膜条，可起到避虫的作用。生物防治可用微生物农药 Bt 乳剂喷洒防治。

（3）药剂喷雾防治。选用 50%辟蚜雾乳油 2 500 倍液、抗蚜威 600 倍液等杀虫药防治，同时，配合喷施新高脂膜 800 倍液增强药效，提高药剂有效成分利用率，巩固防治效果。

（4）熏烟防治。傍晚封棚时用 80% 的敌敌畏乳油每亩 250 克掺锯末 2 千克熏烟，防治效果较好。

十八、黄守瓜

在我国主要有黄足黄守瓜与黄足黑守瓜两种，其中，以黄足黄守瓜发生较为普遍。成虫、幼虫均可为害。黄守瓜成虫食性较杂，除为害黄瓜外，还可为害南瓜、西葫芦、丝瓜、苦瓜、西瓜、甜瓜、佛手瓜等，此外也为害十字花科、茄科、豆科等蔬菜。

1. 学名

Aulacophora indica（Gmelin）。

2. 别名

黄虫、黄萤、瓜守等，属鞘翅目叶甲科。

3. 为害特点

黄守瓜成虫主要咬食作物叶、茎、花和果实，但以叶片受害最重，严重时可致全株死亡。黄足黄守瓜成虫取食叶片的主要为害症状为叶片残留若干干枯环形或半环形食痕或圆形孔洞，这是由于其取食时腹部末端贴着叶面，以它的虫体作为中心、身体为半径旋转咬食一圈，然后在圈内取食造成的，黄足黑守瓜这种症状不十分明显。黄守瓜幼虫在土里为害根部，幼龄幼虫为害细根，三龄以后食害主根，钻食在木质部与韧皮部之间，此时可使地上部分萎蔫致死，农民称为"气死瓜"。有些贴地生长的瓜果也可被幼虫蛀食，引起瓜果内部腐烂，失去食用价值。

4. 发生规律

黄守瓜在我国北方每年发生1代，长江流域1~2代，华南3代。成虫喜温好湿，耐热性强，中午活动最盛，有假死性，清晨受惊扰坠落地面，白天则迅速飞走。以成虫在背风向阳温暖的杂草、落叶及土缝间、土块下越冬，稍有群集性。雌虫在一定条件下随温度、湿度提高产卵量增加，雨后大量产卵，产于瓜根附近潮湿的表土内或瓜下的土中，壤土中产卵最多，黏土次之，沙土最少。卵期 10～14 天。孵化后即潜入 6～10 厘米深土中为害，幼虫发育历期 19～38 天。幼虫老熟后在土下 10～15 厘米处化蛹。前蛹期约 4 天，蛹期 12～22 天。

5. 防治方法

（1）化学防治成虫。用 40% 毒死蜱乳油 1 000 倍液或 80% 敌敌畏乳油 1 500 倍液或 90% 晶体敌百虫 800 倍液喷雾。

（2）防止成虫产卵。成虫产卵期在早晨露水未干时对瓜根附近土面及瓜叶撒施草木灰、锯木屑、石灰粉等。

（3）人工捕捉成虫。在雨天或露水未干前，成虫活动迟缓，可人工捕捉。

（4）药剂灌根防治幼虫。幼虫为害严重时，可用 50% 辛硫磷乳油 1 000 倍液灌根防治地下幼虫。

第二章　西瓜主要病虫害及防治技术

一、西瓜猝倒病

猝倒病是西瓜苗期的一种主要病害，特别是在气温低、土壤湿度大时发病严重，可造成烂种、烂芽及幼苗猝倒，该病约占幼苗死亡率80%左右。

1. 症状

该病是西瓜苗期主要病害之一。种芽感病，苗未出土，种芽或胚茎、子叶已腐烂；幼苗受害，近土面的胚茎基部开始有黄色水渍状病斑，随后变为黄褐色，干枯收缩成线状，子叶尚未凋萎，幼苗已猝倒。有时带病幼苗外观与健苗无异，但帖服土面，不能挺立，细检此苗，茎基部已干缩成线状。此病在苗床内蔓延迅速，开始只见个别病苗，几天后便出现成片猝倒。当苗床湿度大时，病部表面及其附近土表可长出一层白色棉絮状菌丝体。

2. 病原

西瓜猝倒病是由瓜果腐霉和德里腐霉引起，二者均属鞭毛菌亚门真菌。

3. 发病规律

该病多发生在土壤潮湿和连阴雨多的地方。高湿条件下，病菌可大量产生孢子囊和游动孢子，进行再次侵染。病菌在 $10 \sim 12℃$ 土温最适，孢子囊和游动孢子形成适温为 $18 \sim 20℃$，$30℃$ 以上病菌受到抑制。幼苗子叶期或子叶展开之际为染病敏感期，3 片真叶后发病较少。一般幼苗如遇低温阴雨天气，有利于发病。此外，床土消毒不彻底、播种过密、光照不足、通风不良、浇水过多等均有利于该病的发生。

病菌以卵孢子在 12～18 厘米表土层越冬，并在土中长期存活。翌春，遇有适宜条件萌发产生孢子囊，以游动孢子或直接长出芽管侵入寄主。此外，在土中营腐生生活的菌丝也可产生孢子囊，以游动孢子侵染瓜苗引起腐霉猝倒病。田间的再侵染主要靠病苗上产出孢子囊及游动孢子，借灌溉水或雨水溅射传播蔓延，病菌侵入后，在皮层薄壁细胞中扩展，菌丝蔓延于细胞间或细胞内，后在病组织内形成卵孢子越冬。

4. 防治方法

（1）选用无病新土育苗。在没有种过瓜类作物的大田取土建床，肥料（有机肥）要充分腐熟。

（2）药土盖种，可用 20% 甲基立枯磷乳油 1 000 倍液或 50% 拌种双粉剂 300 克对细干土 100 千克制成药土撒在种子上覆盖一层，然后再覆土。

（3）发病初期，可喷洒 72.2% 普力克水剂 400 倍液或 72% 克霜氰可湿性粉剂 800～1 000 倍液。也可用 15% 恶霉灵水剂 450 倍液喷雾防治。

二、西瓜枯萎病

西瓜枯萎病俗称"死秧病"，是国内外普遍发生的一种毁灭性的土传病害，给西瓜生产带来严重的经济损失。西瓜枯萎病又称蔓割病、萎凋病、萎蔫病等，各地均有枯萎病发生。枯萎病可造成西瓜产量下降 30%，有些地块减产 50% 以上，甚至绝产。

1. 症状

西瓜枯萎病各个时期均可发生，以结果期发病最重，受害后病株茎蔓上的叶片自基部向前逐渐萎蔫，似缺水状，茎蔓基部向上褪绿。最初萎蔫中午尤为明显，但早晚可恢复，3～6天后整株叶片枯萎下垂，不能复原，后期病部呈棕褐色，在潮湿条件下病株基部布满白色至粉红色霉状物，即病原的分生孢子，剖视茎基部至根部，可见维管束变黄褐色。病根根系变暗褐色腐烂，极易拔起。严重时瓜秧枯死，但叶片不脱落。

2. 病原

西瓜枯萎病是由尖镰孢菌西瓜专化型侵染引起的维管束系统病害，属半知菌亚门真菌。

3. 发病规律

西瓜枯萎病菌通过土壤、种子传播，厚垣孢子在土壤中能存活10年以上，离开寄主的情况下也能存活5～6年。尖孢镰刀菌以菌丝、厚垣孢子、分生孢子和菌核在土壤或未腐熟的带菌肥料、病残株、种子和土壤中越冬，一般分布在0～25厘米土层内，是翌年发病的初侵染源。该菌侵染寄主根系的温度为15～35℃，最适温度为23～28℃。

病菌通过胚根侵染发芽的种子，通过植株根部自然伤口或从根毛顶端细胞间直接侵入或通过线虫等侵染伤口及其他机械损伤侵入，最终进入维管束，引起萎蔫。也可以从病蔓经果梗侵入果实而发病或从果皮伤口处侵入，引起瓜腐烂，可使皮层腐烂，子叶和嫩叶褪绿，在胚轴上出现水浸状软腐环带，使成株叶片萎蔫。任何生育阶段都可发生枯萎病，花期和结果期最明显。

4. 防治方法

（1）选用抗病品种。

（2）实行6～8年的轮作。

（3）注意不施用含有西瓜秧蔓、叶片、瓜皮的圈肥，防止肥料传菌；增施钾肥、微肥和有机肥料，减少速效氮肥使用量，防止瓜秧旺长，促秧健壮。

（4）播种前用15%恶霉灵水剂1 000倍药液浸泡种子20分

钟，严格消毒杀菌，防止种子传染。

（5）西瓜坐瓜以后，要注意观察，一旦发现初发病株，立即扒开根际土壤，开穴至粗根显露，土穴直径达 20 厘米以上，农抗 120 100 毫升对水 40 千克，每窝灌药液 300 ~ 500 毫升，每隔 7 ~ 10 天灌 1 次，可连续灌 2 ~ 3 次，严重发病地块在定植前灌窝消毒土壤。

三、西瓜蔓枯病

西瓜蔓枯病是西瓜的常见病害，因引起蔓枯而得名。此病在全国各地均有发生。

1. 症状

主要侵染茎蔓，也侵染叶片和果实。叶子受害时，最初出现黑褐色小斑点，以后成为直径 1 ~ 2 厘米的病斑。病斑为圆形或不规则圆形，黑褐色或有同心轮纹。发生在叶缘上的病斑，一般呈弧形。老病斑上出现小黑点。病叶干枯时，病斑呈星状破裂。连续阴雨天气，病斑迅速发展可遍及全叶，叶片变黑而枯死。瓜蔓染病，节附近产生灰白色椭圆形至不整形病斑，斑上密生小黑点，发病严重的，病斑环绕茎及分杈处。果实染病，初生水渍状病斑，中央变为褐色并枯死，后期褐色部分呈星状开裂，内部组织呈木栓状，病斑上形成小黑粒。

2. 病原

该病菌有性世代称子囊菌瓜类球腔菌属真菌，无性世代为半知菌西瓜壳二孢属真菌。

3. 发病规律

平均气温 18 ~ 25℃，相对湿度高于 85%。病菌在 5 ~ 35℃的温度范围内都可侵染为害，20 ~ 30℃为发育适宜温度。

该病菌以分生孢子器或子囊壳随病残体在土中，或附在种子、大棚棚架上越冬。翌年春天，产生子囊孢子和分生孢子通过风雨及灌溉水传播，从气孔、水孔或伤口侵入。种子带菌致子叶染病。成株由果实蒂部或果柄侵入。

4. 防治方法

（1）选用无病种子和对种子消毒。要从远离病株的健康无病植株上采种。对可能带菌的种子，要进行种子消毒。

（2）加强栽培管理。创造较干燥、通风良好的环境条件，并注意合理施肥，使西瓜植株生长健壮，提高抗病能力。防止大水漫灌，及时进行植株调整，使之通风透光良好。施足基肥，注意氮、磷、钾肥的配合施用，防止偏施氮肥。发现病株要立即拔掉烧毁，并喷药防治，防止继续蔓延为害。

（3）发病初期，药剂可用 10% 苯醚甲环唑水分散颗粒剂 1 500 倍液或 70% 甲基托不津可湿性粉剂 800 倍液，每 5～7 天喷 1 次，连喷 2～3 次。

四、西瓜疫病

西瓜疫病是一种高温高湿型的病害，俗称死秧，全国各地均有发生，南方发病重于北方，在西瓜生长期多雨年份，发病尤重。

1. 症状

幼苗、成株均可发病，主要为害叶、茎及果实。子叶染病先呈水浸状暗绿色圆形斑，中央逐渐变成红褐色，近地面处缢缩或枯死。真叶染病，初生暗绿色水浸状圆形或不规则形病斑，迅速扩展腐烂，空气干燥，病斑变褐干枯。茎基部染病，呈纺锤形水浸状暗绿色凹陷斑，绕茎一周即致茎基腐烂，病部以上全部枯死。果实染病，初形成暗绿色圆形水浸状凹陷斑，后迅速扩及全果，致果实腐烂，发出青贮饲料的气味，病部表面密生白色菌丝，即病原菌的孢囊梗和孢子囊，病健部边缘无明显病症。

2. 病原

病原菌为西瓜疫霉菌和甜瓜疫霉，二者均属鞭毛菌亚门。我国以西瓜疫霉菌为主，局部地区甜瓜疫霉也造成一定为害。

3. 发病规律

温暖多湿的条件有利于发病。在适宜条件下，雨季的早晚、雨量、降雨天数的多少，是病害发生和流行的决定因素。病害在田间的发生高峰往往在降雨高峰以后，病势发展很快，易流行。地势低洼、排水不良、畦面高低不平、容易积水和多年连作的地块，以及浇水过多、种植过密、施氮肥过多或施用带菌粪肥，均可加重病害的发生。

病菌主要以卵孢子、厚垣孢子和菌丝体随病残体在土壤或未腐熟的粪肥中越冬。卵孢子在土壤中能存活5年以上。厚垣孢子在土中可存活数月，种子也能带菌。第2年卵孢子和厚垣孢子通过雨水、灌溉水和土壤耕作传播，从气孔或直接穿透寄主表皮侵入，引起初侵染。发病植株上产生的孢子囊，借风雨传播，进行再侵染，引起病害的扩大和流行。在适宜的环境条件下，潜育期2~3天。在适温条件下，降雨量和湿度是决定病害发生与流行程度的主要因素。

4. 防治方法

（1）床土消毒。床土应选用无病新土，如用旧园土，应进行苗床土壤消毒。方法为每平方米苗床施用40%五氯硝基苯粉剂9克，施药前先把苗床底水打好，且一次浇透，水渗下后，取1/3充分拌匀的药土撒在畦面上，播种后再把其余2/3药土覆盖在种子上面，即上覆下垫。如覆土厚度不够可补撒墒土使其达到适宜厚度，这样种子夹在药土中间，防效明显。

（2）加强苗床管理。选择地势高、地下水位低、排水良好的地做苗床，播前一次灌足底水，出苗后尽量不浇水，必须浇水时一定选择晴天喷洒，不宜大水漫灌。

（3）育苗畦及时放风、降湿，即使阴天也要适时适量放风排湿，严防瓜苗徒长。

（4）采用高畦栽培。防止雨后积水，黄瓜定植后，前期宜少浇水，多中耕，注意及时插架，以减轻发病。

（5）发病初期喷淋 72.2% 普力克水剂 400 倍液，每平方米喷淋对好的药液 2～3 升，或 15% 恶霉灵水剂 450 倍液，每平方米喷淋 3 升左右。

五、西瓜炭疽病

西瓜炭疽病在整个生长期内均可发生，但以植株生长中、后期发生最重，在多阴雨天气和南方多水地区发生尤重，造成落叶枯死，果实腐烂。

1. 症状

西瓜叶、蔓、果均可发病。成株期叶部病斑初为圆形淡黄色水渍状小斑，后变褐色，边缘紫褐色，中间淡褐色，有同心轮纹和小黑点，病斑易穿孔，外围常有黄色晕圈，病斑上的小黑点和同心轮纹都没有蔓枯病明显，病斑颜色较均匀。叶柄和蔓上病斑梭形或长椭圆形，初为水浸状黄褐色，后变黑褐色，稍凹陷。果实受害，初为暗绿色油渍状小斑点，后扩大成圆形，暗褐色稍凹陷。空气湿度大时，病斑上长橘红色黏状物。病害严重时病斑连片，西瓜腐烂。

2. 病原

本病属刺盘孢侵染所致。病菌属半知菌亚门刺盘孢属真菌。

3. 发病规律

西瓜炭疽病是由半知菌亚门刺盘孢属真菌侵染所致，其发病最适宜温度为 22～27℃，10℃ 以下，30℃ 以上病斑停止生长。

病菌在残株或土壤里越冬，第2年温度湿度适宜时，越冬病菌产生分生孢子，开始初次侵染。附着在种子上的病菌可以直接侵入子叶，引起幼苗发病。病菌在适宜条件下，再产生孢子盘或分生孢子，进行再次侵染。分生孢子主要通过流水、风雨及人们生产活动进行传播。摘瓜时，果实表面若带有分生孢子，贮藏运输过程中也可以侵染发病。炭疽病的发生和湿度关系较大，在适温下，相对湿度越高，发病越重。相对湿度在87%～95%时，其病菌潜伏期只有3天，湿度越低，潜伏期越长，相对湿度降至54%以下时，则不发病。此外，过多的施用氮肥，排水不良，通风不好，密度过大，植株衰弱和重茬种植，发病严重。

4. 防治方法

（1）合理轮作。实行与非瓜类作物进行3年以上的轮作，以减少病菌侵染源。

（2）消除越冬菌源，调节土壤酸碱度。每亩用生石灰100千克进行灌水溶田20～30天，然后进行冬翻晒白待种，从而达到消除菌源，调节土壤酸碱度的目的。

（3）土壤消毒。结合浇定根水，用敌克松可湿性粉剂1 000倍液灌根，进行土壤消毒。

（4）药剂防治。发病初期，可选用25%咪酰胺乳油1 000倍液，或43%戊唑醇5 000倍液，或25%嘧菌酯1 500倍液叶面喷雾，7～10天1次，连续防治2～3次。

六、西瓜病毒病

西瓜病毒病俗称小叶病、花叶病，全国各地区均有发生，北方瓜区以花叶型病毒病为主，南方瓜区蕨叶型病毒病发生较普遍，尤以秋西瓜受害最重，是近年来为害西瓜的三大病害之一。受害轻者影响品质、产量，重则大面积绝收造成很大损失。

1. 症状

西瓜病毒在田间主要表现为花叶型和蕨叶型两种症状。花叶型为初期顶部叶片出现黄绿镶嵌花纹，以后变为皱缩畸形，叶片变小，叶面凹凸不平，新生茎蔓节间缩短，纤细扭曲，坐果少或不坐果。蕨叶型为新生叶片变为狭长，皱缩扭曲，生长缓慢，植株矮化，有时顶部表现簇生不长，花器发育不良，严重的不能坐果。发病较晚的病株，果实发育不良，形成畸形瓜，也有的果面凹凸不平，果小，瓜瓤暗褐色，对产量和质量影响很大。

2. 病原

西瓜病毒种类很多，目前已知侵染西瓜的病毒有 15 种。西瓜病毒病的发生以西瓜花叶病毒 2 号（WMV-2）、木瓜环斑病毒系西瓜株系（PRSV-W，以前称 WMV-1）、CMV、南瓜花叶病毒（SqMV）、烟草花叶病毒（TMV）为主。20 世纪 80 年代以后又发现南瓜曲叶病毒（SLCV）、莴苣侵染性黄化病毒（LIYV）和胡瓜黄花叶病毒（ZYMV），而且为害相当严重。

3. 发病规律

一般高温、干旱年份有利于瓜蚜繁殖和有翅蚜迁飞、传毒以及病毒的增殖，发病重；管理粗放，杂草丛生等发病重；蚜虫防治不及时发病重；土壤营养缺乏，植株生长弱，抗病力下降，病害也会加重；气温高低影响症状的表现，在有效温度范围内，温度高症状重，邻作有共毒寄主植物的亦易发病。

病毒主要通过种子带菌和蚜虫汁液接触传毒。农事操作，如整枝、压蔓、授粉等都可引起接触传毒，也是田间传播、流行的主要途径。高温、干旱、日照强的气候条件，有利于蚜虫的繁殖和迁飞，传毒机会增加，则发病重；肥水不足、管理粗放、植株生长势衰弱或邻近瓜类菜地，也易感病；蚜虫发生数量大的年份发病重。

4. 防治方法

（1）种子消毒。在播前用 40% 甲醛溶液 150 倍浸种 20 分钟或用 10% 磷酸三钠浸种 10 分钟，进行种子消毒。

（2）加强田间管理。一是及时清除田间、地头、周围杂草。二是增施有机肥和磷钾肥，提高植株抗病力。三是及时浇水防止干旱，夏季高温季节来临之前，植株长势一定要达到封垄的程度，使强光不能直射垄间地面，以免造成中午植株萎蔫，也可套种玉米降低光照强度。四是在农事操作时，一定要细致，减少人为造成伤口，以免给病毒提供浸入口。五是苗期在田间铺银灰色的薄膜避蚜，减少蚜虫迁入。

（3）消灭传毒昆虫。在麦收前及时用下列方法喷雾防治飞虱、叶蝉、蚜虫等传毒昆虫。可选用 20% 啶虫脒 3 000 倍液喷雾或 10% 吡虫啉可湿性粉剂 1 000 倍液喷雾防治。

（4）防治病毒病。发病初期开始喷施 20% 盐酸吗啉胍可湿性粉剂 300～500 倍液或 1.5% 植病灵水剂 500～800 倍液，喷时加高锰酸钾 1 000 倍液效果更佳，隔 7 天左右喷 1 次，连喷 2～3 次即可。

七、西瓜叶枯病

西瓜叶枯病是为害西瓜的一种叶部病害，近几年来有逐渐加重的趋势。在西瓜生长的中后期，特别是多雨季节或暴雨后，往往发病急且发展快，使瓜叶迅速变黑焦枯，失去光合作用能力，严重影响西瓜的品质和产量。

1. 症状

主要为害叶片，亦可为害茎蔓和果实。幼苗子叶受害多在叶缘发生，初为水渍状小点，后扩大成褐色水渍状，圆形或半圆形斑，在高湿条件下，可为害整个子叶，使之枯萎。真叶受害，多发生在叶缘或叶脉间，初为水渍状小点，在高湿下迅速合并，渗透，使叶片失水青枯。高温干燥天气，则形成直径 2 ~ 3 毫米的圆形褐斑，天气潮湿时，可合并成大褐斑，病斑变薄，严重时引起叶枯。茎蔓受害，产生椭圆形或梭形、微凹陷的浅褐色斑。果实受害时，产生周围略隆起的圆形凹陷暗褐色斑，严重时引起果实腐烂。潮湿时各受害部位均可长出黑色霉层。

2. 病原

西瓜叶枯病是由瓜链格孢菌侵染引起的，属半知菌亚门真菌。

3. 发病规律

该病菌以菌丝体和分生孢子随病残体在土壤表面和种子越冬。该病菌在 3 ~ 45℃ 范围内均可生长，以 28 ~ 32℃ 最适宜。发病与湿度关系密切，雨多、雨量大，相对湿度高时，发病严重。湿度低于 70% 以下，很难发病。另外，连作、种植密度大，杂草多，氮肥施用量大，发病较重。

西瓜种子内、外均可带菌。带菌的种子和土表的病残体是该病主要初侵染源。生长期间病部产生的分生孢子通过风雨传播，进行多次重复再侵染，致田间病害不断扩大蔓延。

4. 防治方法

（1）选用抗病品种，实行轮作，及时清除杂草，合理密植，防止瓜秧过于繁茂。

（2）增施磷、钾肥和有机肥料，减少氮肥施用量，科学用药等综合措施，才能取得较理想的防治效果。

（3）发病初期可选用 70% 甲霜灵锰锌或 20% 叶枯唑 500 倍液，每 5 ~ 7 天喷 1 次，连喷 3 ~ 4 次。

八、西瓜根结线虫病

西瓜根结线虫病是由线虫侵染引起的线虫病害，在我国南方局部地区发生。

1. 症状

该病只为害西瓜根部，主根和侧根均可受害，以侧根受害较重。须根或侧根染病，在病根上产生浅黄色至黄褐色、大小不一的瘤状根结，使西瓜根部肿大、粗糙，呈不规则状。解剖根结，病部组织中有许多细长蠕动的乳白色线虫寄生其中。根结之上一般可以长出细弱的新根，在侵染后形成根结肿瘤。根结形成少时，地上瓜蔓无明显症状，根结形成多时，地上瓜蔓生长不良，叶片褪绿发黄，结瓜少而小，果实黄化，晴天中午植株地上部分出现萎蔫或逐渐枯黄，最后植株枯死。

2. 病原

该病是由根结线虫属称南方根结线虫1号小种引起，西瓜根结线虫雌雄异形，雌虫寄生在西瓜根部，雄虫主要生活在土壤中。

3. 发病规律

根结线虫多在土壤5～30厘米处生存，常以卵或2龄幼虫随病残体遗留在土壤中越冬，一般可存活1～3年，翌春条件适宜时，由埋藏在寄主根内的雌虫，产出单细胞的卵，卵产下经几小时形成一龄幼虫，脱皮后孵出二龄幼虫，离开卵块的二龄幼虫在土壤中移动寻找根尖，由根冠上方侵入定居在生长锥内，其分泌物刺激导管细胞膨胀，使根形成巨型细胞或虫瘿，或称根结。在生长季节根结线虫的几个世代以对数增殖，发育到四龄时交尾产卵，卵在根结里孵化发育。南方根结线虫生存最适温度25～30℃，高于40℃，低于5℃都很少活动，55℃经10分钟致死。

田间土壤湿度是影响孵化和繁殖的重要条件。土壤湿度适合蔬菜生长，也适于根结线虫活动，雨季有利于孵化和侵染，但在干燥或过湿土壤中，其活动受到抑制，其为害砂土中常较黏土重，适宜土壤 pH 值为 4~8。

　　西瓜根结线虫主要以卵和二龄幼虫随西瓜或其他寄主植物的根结在土壤中越冬。带虫土壤、病根和灌溉水是其主要传播途径，一般在土壤中可存活 1~3 年。翌春条件适宜时，雌虫产卵繁殖，孵化后为二龄幼虫侵入根尖，引起初次侵染。此外，带有含根结线虫根的未腐熟的堆肥，也可成为此病的初侵染源，被根结线虫污染的土壤，很难将线虫清除，使防治十分困难。侵入的幼虫在根部组织中继续发育交尾产卵，产生新 1 代二龄幼虫，随农事操作、流水及自身运动等方式传播，进入土壤中再侵染或越冬。线虫寄生后分泌的唾液刺激根部组织膨大，形成"虫瘿"，或称为"根结"。

4. 防治方法

　　（1）合理轮作。保护地栽培要避免连作，最好与葱蒜、禾本科作物或水生蔬菜实行 2~3 年轮作，可基本消灭线虫。

　　（2）科学施肥。不施用带有根结线虫病根又未经腐熟的有机肥。

　　（3）高温灭虫。对有根结线虫的地块，在西瓜栽培前覆盖地膜使土壤增温达 45℃以上，杀死土壤中的线虫。

　　（4）灌水灭虫。在栽培西瓜前，对瓜田灌水，湿润到 20 厘米土层以下，诱发越冬的根结线虫卵孵出二龄幼虫，使其在短期内找不到寄主植物而死亡。

　　（5）药剂防治。田间发现病株后，立即拔除，并集中销毁。于发病初期选用 1.8% 阿维菌素乳油 3 000 倍液或 50% 辛硫磷 1 000 倍液等灌根，每穴灌药液 250~300 毫升。

九、西瓜细菌性叶斑病

西瓜细菌性叶斑病分布较广，不仅为害西瓜叶片，也为害茎蔓和幼瓜，一般轻度发病，病株率5%～10%，严重时病株率可达20%以上，显著影响西瓜生产。

1. 症状

全生育期均可发生。叶片、茎蔓和瓜果都受害。苗期染病，子叶和真叶沿叶缘呈黄褐至黑褐色，坏死干枯，最后瓜苗呈褐色枯死。成株染病，叶片上初生水渍状半透明小点，以后扩大成浅黄色斑，边缘有黄绿色晕环，最后病斑中央变褐或呈灰白色破裂穿孔。湿度大时，叶背溢出乳白色菌液。茎蔓染病，呈油渍状黄绿色小点，逐渐变成近圆形、红褐至暗褐色坏死斑，边缘黄绿色油渍状，随病害发展病部凹陷龟裂，呈灰褐色，空气潮湿时病部可溢出白色菌脓。

2. 病原

该病菌称丁香假单胞杆菌黄瓜致病变种，属薄壁菌门细菌。

3. 发病规律

发病的适宜温度18～26℃，相对湿度75%以上，湿度愈大，病害愈重，暴风雨过后病害易流行。地势低洼、排水不良、重茬、氮肥过多、钾肥不足、种植过密的地块，病害均较重。

病菌在种子上或随病残体留在土壤中越冬。病菌靠种子远距离传播病害。土壤中的病菌通过灌水、风雨、气流、昆虫及农事作业在田间传播蔓延。病菌由气孔、伤口、水孔侵入寄主。

4. 防治方法

（1）因地制宜选用抗病品种。

（2）重病田与非瓜类蔬菜轮作2年以上。

（3）加强栽培管理。适时移栽，合理密植，注意通风透气；

施足基肥，增施磷、钾肥，雨后做好排水，降低田间湿度，培育壮苗；田间发现病株及时拔除，收获后结合深翻整地清洁田园，减少来年菌源。

（4）种子处理。无病瓜上采种，并进行种子消毒处理。可用40%福尔马林150倍液浸种90分钟，清水冲洗后催芽播种，

（5）发病初期使用72%农用链霉素2 000倍液或20%叶枯唑800倍液进行叶面喷施1~2次。

十、朱砂叶螨

一种广泛分布于世界温带的农林害虫，在我国各地均有发生。可为害的植物有32科113种，其中，蔬菜18种，主要有茄子、辣椒、西瓜、豆类、葱和苋菜。以成若螨在叶背吸取汁液，瓜类叶片受害后，形成枯黄色细斑，严重时全叶干枯脱落，缩短结果期，影响产量。

1. 学名

Tetranychus cinnabarinus（Boisduval），属蜱螨目，叶螨科。

2. 别名

红叶螨、棉红蜘蛛。

3. 为害特点

朱砂叶螨以成、若、幼螨在瓜叶背面吸食植株营养。幼螨和前期若螨不甚活动，后期若螨则活泼贪食，有向上爬的习性。先为害下部叶片，而后向上蔓延。繁殖数量过多时，常在叶端群集成团，滚落地面，被风刮走，向四周爬行扩散。为害初期叶面出现零星褪绿斑点，严重时白色小点布满叶片，使叶面变为灰白色，最后造成叶片干枯脱落，影响生长，缩短结果期，造成减产。

4. 发生规律

一年发生 10～20 代（由北向南逐增），越冬虫态及场所随地区而不同，在华北以雌成螨在杂草、枯枝落叶及土缝中越冬；在华中以各种虫态在杂草及树皮缝中越冬；在四川以雌成螨在杂草或豌豆、蚕豆等作物上越冬。翌春气温达 10℃ 以上，即开始大量繁殖。3～4 月先在杂草或其他寄主上取食，果树发芽后陆续向果树上迁移，每雌产卵 50～110 粒，多产于叶背。卵期 2～13 天。幼螨和若螨发育历期 5～11 天，成螨寿命 19～29 天。可孤雌生殖，其后代多为雄性。幼螨和前期若螨不甚活动。后期若螨则活泼贪食，有向上爬的习性。先为害下部叶片，而后向上蔓延。繁殖数量过多时，常在叶端群集成团，滚落地面，被风刮走，向四周爬行扩散。朱砂叶螨发育起点温度为 7.7～8.8℃，最适温度为 25～30℃，最适相对湿度为 35%～55%，因此，高温低湿的 6～7 月份为害重，尤其干旱年份易大发生。但温度达 30℃ 以上和相对湿度超过 70% 时，不利于其繁殖，暴雨有抑制作用。天敌有 30 多种。

5. 防治方法

（1）农业防治。秋耕秋灌，恶化越冬螨的生态环境；清除棚边杂草，消灭越冬虫源。天气干旱时，进行灌水，增加瓜田湿度，造成不利叶螨生育繁殖的条件。

（2）天气干旱时，注意灌溉，增加田间湿度，不利红蜘蛛发育繁殖。

（3）利用有效天敌，如长毛钝绥螨、德氏钝绥螨、异绒螨、塔六点蓟马和深点食螨瓢虫等，有条件的地方可保护或引进释放。当田间的益害比为 1:（10～15）时，一般在 6～7 天后，害螨将下降 90% 以上。

（4）药剂防治。可选用 1.8% 阿维菌素 4 000 倍液或 20% 速螨酮（果螨特）、5% 噻螨酮 1 500～2 000 倍液或 24% 螺螨酯

（螨危）3 000倍液。每5～7天喷施1次，连续喷2～3次。重点喷洒植株上部的嫩叶背面、嫩茎及幼果等部位，并注意农药交替使用。

第三章　甜瓜主要病虫害及防治技术

一、甜瓜霜霉病

甜瓜霜霉病在甜瓜产区的发生轻重不同，多雨季节及田间湿度大的地块，瓜果膨大时感染此病，病势扩展迅速，叶片焦枯，致使甜瓜果实不能成熟，流行年份可减产30%～50%，含糖量降低2～3度，损失严重。

1. 症状

此病从幼苗期到成株期均可发生，仅为害叶片。初在中下部叶背面形成水浸状斑点，逐渐发展，叶正面褪绿坏死，最后变褐，形成不规则形坏死大斑，潮湿条件下叶背产生紫灰色霉层，即病菌孢囊梗和孢子囊。叶背病斑周围常形成水浸状深绿色不规则环纹。病叶由下向上发展，特别严重时可造成整株枯死。

2. 病原

该病菌为古巴假霜霉真菌，属鞭毛菌亚门真菌。

3. 发病规律

病菌生长温度15～30℃，孢子囊萌发适温15～22℃。气温15～22℃，叶面有水滴即可发病。温度20～26℃，相对湿度85%以上病菌生长最适宜。气温15～20℃，相对湿度高于83%病菌即大量产孢，湿度越高，产孢越多，叶面结水是孢子囊萌发和侵入的必要条件。保护地内空气湿度是发病的关键。

甜瓜霜霉病多始于近根部的叶片，病菌5～6月在棚室黄瓜上繁殖，后传染到露地黄瓜上，7～8月经风雨传播到甜瓜上引致发病。相对湿度高于83%，病部可产生大量孢子囊，条件适宜经3~4天即又产生新病斑，长出的孢子囊又进行再侵染。病菌萌发和侵入对湿度条件要求高，叶片有水滴或水膜时，病菌才能侵入。

4. 防治方法

（1）农业防治。选用抗病品种，避免与瓜果蔬菜连作。

（2）合理密植，控制田间湿度。合理施肥，增施有机肥，化肥氮、磷、钾配合施用。合理密植，及时整枝打杈，防止植株生长过旺，改善通风透光条件。

（3）化学防治。甜瓜进入开花结果期后，抗病能力降低，应于此前开始施药预防，可选用69%烯酰吗啉可湿性粉剂500倍液、72.2%普力克水剂800倍液、90%疫霉灵400倍液等药剂喷施，每7~10天1次，连喷2~3次。

二、甜瓜疫病

甜瓜疫病又称死秧病，是为害甜瓜的主要病害之一，高温高湿易发病。特别是在雨后，病害来势凶猛，短短几天内瓜秧全部萎蔫、死亡。

1. 症状

此病菌能侵害根茎、叶、果实，以茎蔓及嫩茎节发病较多，成株期受害最重。发病初期茎基部呈暗绿色水渍状，病部渐渐缢缩软腐，呈暗褐色。病部叶片萎蔫，不久全株萎蔫枯死。叶片受害产生圆形或不规则形水渍状大病斑，扩展速度快，边缘不明显，干燥时呈青枯，叶脆易破裂。瓜部受害软腐凹陷，潮湿时，病部表面长出稀疏的白色霉层即孢子囊和孢囊梗。

2. 病原

该病菌称甜瓜疫霉和掘氏疫霉，属鞭毛菌亚门真菌。

3. 发病规律

该菌生长发育适温 28 ~ 32℃，最高 37℃，最低 9℃。甜瓜疫病发生轻重与当年雨季到来迟早、气温高低、雨日多少、雨量大小有关。一般进入雨季开始发病，遇有大暴雨迅速扩展蔓延或造成流行。连作地采用平畦栽培地块易发病，长期大水漫灌、浇水次数多、水量大发病重。

病菌以菌丝体、卵孢子等随病残体在土壤或粪肥中越冬，成为第二年主要初次侵染源，种子带菌率较低。翌年条件适宜孢子萌发长出芽管，直接穿透寄主表皮侵入体内，在田间靠风、雨、灌溉水及土地耕作传播；寄主发病后，孢子囊及游动孢子借气流、雨水传播，进行重复侵染，使病害迅速蔓延。

4. 防治方法

（1）实行轮作，选择 5 年以上没种过葫芦科作物的田块种植。

（2）加强田间管理，选用抗病品种，采用高畦栽培，中午高温时不要浇水，严禁漫灌或串灌。

（3）药剂防治可用 80% 乙膦铝可溶性粉剂灌根或喷雾，对疫病防治效果较好。也可用 58% 甲霜灵锰锌可湿性粉剂 500 倍液，或 75% 百菌清可湿性剂 600 倍液喷雾，每 7 ~ 10 天 1 次，连灌 3 ~ 4 次。

三、甜瓜炭疽病

炭疽病为甜瓜的常见病害，分布较广，发生亦较普遍，保护地、露地种植均可发生。一般病株 10% ~ 30%，严重时发病率达 80% 以上，一定程度上影响甜瓜生产。

1. 症状

叶片、茎蔓、叶柄和果实均受侵染。幼苗染上甜瓜炭疽病，真叶或子叶上形成近圆形黄褐至红褐色坏死斑，边缘有时有晕圈，幼茎基部常出现水浸状坏死斑，成株期染病，叶片病斑因品种呈近圆形至不规则形，黄褐色，边缘水浸状，有时亦有晕圈，后期病斑易破裂。茎和叶柄染病，病斑椭圆至长圆形，稍凹陷，浅黄褐色，果实染病，病部凹陷开裂，后期产生粉红色黏稠物。

2. 病原

该病菌称葫芦科刺盘孢，属半知菌亚门真菌。

3. 发病规律

高温、多雨、潮湿的天气有利于此病的发生和流行，因为这种天气对炭疽菌的生长、分生孢子的形成、传播和萌发、侵染都是有利的。栽培因素中，瓜类作物连作或邻作，病菌来源多；瓜田地势低洼排水不良、种植密度过大，田间湿度高；土壤瘦瘠、施肥不足或偏施氮肥等，都有利于诱发炭疽病。

病菌以菌丝体及分生孢子盘在病残体或土壤中越冬，次年长出分生孢子通过风雨溅散或昆虫传播，在适宜条件下分生孢子萌发长出芽管进行初次侵染。若种子带菌，播种出苗后即可引起子叶发病。初次侵染发病后可产生大量新的分生孢子，生长季只要条件适合，分生孢子通过传播后可频频进行再侵染。

4. 防治方法

（1）选用抗病品种。

（2）轮作。与非瓜类作物实行 3 年以上轮作。

（3）种子消毒。用 50% 多菌灵可湿性粉剂 500 倍液，浸泡种子 1 小时，晾干后播种或催芽播种。

（4）加强栽培管理。选沙壤土地种瓜，注意氮、磷、钾三要素配合施用，多施有机肥料，以满足植株生长的需要，提高抗病能力。有机肥必须充分腐熟，避免施用带菌肥料。露地栽培甜瓜，雨季注意及时排水，瓜下垫草，避免果实直接与地面接触。保护地甜瓜要高畦栽培，地膜覆盖，防止过度密植、及时整枝引蔓、注意控制温度，并采取增加光照和通风降低湿度等措施。

（5）药剂防治。发病初期，可选用25%咪酰胺乳油1 000 ~ 1 500倍液或50%醚菌酯干悬浮剂2 000倍液等药剂，每7天左右喷1次，连喷2~3次。

四、甜瓜蔓枯病

甜瓜蔓枯病又叫黑斑病、黑腐病，是甜瓜产区较为普遍发生的一种病害。有时在个别地块发病严重，也可造成整片病株枯死。

1. 症状

主要为害茎蔓，也为害叶片和叶柄。叶片发病多从靠近叶柄附近或从叶缘开始侵染，形成不规则形、红褐色坏死大斑，有不甚明显的轮纹。后期病斑上密生黑色小点，即病菌分生孢子器。空气干燥时，病斑易破裂。茎蔓受害多在茎节处形成初为水渍状、深绿色斑，以后变成灰白至浅红褐色、不规则坏死大斑，并迅速向各方向发展，造成茎折或死秧。在田间病部常产生乳白色至红褐色流胶，病斑表面形成许多小黑点。叶柄染病，呈水渍状腐烂，后期产生许多小黑点，干缩折倒，萎蔫枯死。蔓枯病与枯萎病不同之处是病势发展缓慢，维管束不变色。不同甜瓜品种抗病性有明显差异，一般薄皮甜瓜较厚皮甜瓜抗病性强。

2. 病原

该病菌为瓜黑腐小球壳菌，属子囊菌亚门真菌。无性世态为瓜叶单隔孢菌，属半知菌亚门真菌。

3. 发病规律

病菌发育适温20 ~ 30℃，最高35℃，最低5℃，55℃经10分钟致死。气温在20 ~ 25℃病害可流行。在适宜温度范围内，湿度高发病重。5月下旬至6月上中旬降雨次数和降雨量作用该病发生和流行。连作易发病。此外密植田藤蔓重叠郁闭或大水漫灌的症状多属急性型，且发病重。

病菌以子囊壳、分生孢子器、菌丝体潜伏在病残组织上留在土壤中越冬，翌年产生分生孢子进行初侵染。植株染病后释放出的分生孢子借风雨传播，进行再侵染。7月中旬气温20～25℃，潜育期3～5天，病斑出现4～5天后，病部即见产生小黑粒点。分生孢子在株间传播距离6～8米。甜瓜品种间抗病性差异明显。一般薄皮脆瓜类属抗病体系，发病率低，耐病力强；厚皮甜瓜较感病。

4. 防治方法

（1）选用抗病品种。

（2）实行非瓜类作物2～3种轮作。拉秧后及时清除枯枝落叶及植物残体，带出棚外妥善处理。

（3）若是保护地栽培，则要加强通风，减少棚室内空气湿度。采用小高垄地膜覆盖栽培，浇水时在膜下暗灌，切勿大水漫灌茎基部，浇水后大通风。

（4）合理整枝。由于病菌主要由伤口侵入，因此整枝、打蔓须在晴天进行，在打侧蔓时基部应留有少半截，避免病菌由伤口直接向主蔓侵染。

（5）发病初期用10%苯醚甲环唑水分散颗粒2 000倍液，或25%咪酰胺乳油1 000倍液喷雾。重点喷洒植株中下部。病害严重时，可用上述药剂使用量加倍后涂抹病茎。

五、甜瓜病毒病

甜瓜病毒病是一种世界性病害，分布广泛，一般5月底到6月初始见发病症状，6月中旬以后是显症高峰。一旦发生，很难防治，并且对甜瓜的产量和品质影响较大，甚至绝收。

1. 症状

甜瓜病毒病的症状常因甜瓜品种、生育期以及毒源种类的不同而有很大差异，常见的症状有 3 种：①黄化型：在顶部幼嫩叶片的叶脉旁呈现小块褪绿斑，以后扩大变黄，叶片变小，叶缘反卷。发病严重时，除新叶外，老叶也发黄、硬化。若早期发病，植株矮小。花畸形，坐瓜率极低，果实变小，果皮上出现花叶状斑纹。网纹品种果实网纹不均匀。有时腋芽萌发，抽出许多枝条，使植株成为丛生状。②花叶型：受害叶片开始表现明脉，以后叶脉间失绿变黄，但主脉与支脉两旁的叶肉组织始终保持深绿色，形成沿叶脉纵绿条的条斑状，且叶片上产生褐色圆斑，后期则枯死，病株生长缓慢，有时发生顶端坏死。另一种花叶型表现为在甜瓜叶片产生不规则形锈色坏死斑，以后叶脉褪绿并逐渐呈锈色坏死。③混合型：由多种不同毒源同时复合侵染引起，其中以 WMV-2 与 CMV 复合侵染较为多见。病株表现为矮化皱缩，叶片黄化、花叶而且畸形，病情严重的植株引起死亡。

2. 病原

引起甜瓜病毒病的病原菌主要有黄瓜花叶病毒（CMV）、甜瓜花叶病毒（MMV）、西瓜花叶病毒（WMV）等多种病毒。

3. 发病规律

甜瓜病毒病的发生与气候、品种和栽培条件有密切关系。温度高、日照强、干旱条件下，利于蚜虫的繁殖和迁飞传毒，也有利于病毒的发生。瓜田病毒病适温为 18～26℃，在 36℃ 以上时一般不表现症状。瓜株生长不同时期抗病力不同，苗期到开花期为病毒敏感期，授粉到坐瓜期抗病能力增强，坐瓜后抗病毒能力更强。故早期感病的植株受害重，如开花前感病株，可能不结瓜或结畸形瓜，而后期感病的多在新梢上出现花叶，不影响坐瓜。不同品种抗病性有差异，一般以当地良种耐病性较强，可结合产量、品质和经济效益的要求，因地制宜地选用。栽培条件中主要有管理方式、周围环境等，管理粗放、邻近温室、大棚等菜地或瓜田混作的发病均较重，缺水、缺肥、杂草丛生的瓜田发病也重。

瓜类病毒在田间的传播以介体传播为主，瓜类传毒的介体有：蚜虫、叶蝉、白粉虱、线虫和真菌。有 1/3 的瓜类病毒是多种蚜虫非持久性传播的。白粉虱和叶蝉是热带亚热带传播瓜类黄化病的重要介体。黄瓜花叶病毒病寄主广泛，可侵染 200 多种双子叶和单子叶植物。北方地区，尽管露地作物在严冬无法生存，但很多的杂草是病毒越冬寄主，翌春成为初侵染源，蚜虫的迁飞成了其主要的传播媒介。MMV 可为害黄瓜、甜瓜、苦瓜等，对豌豆、蚕豆等亦有致病性。不同的株系，往往与黄瓜花叶病毒复合侵染。病毒可通种子进行传播，成为第二年春季的初侵染源。黄瓜花叶绿斑病毒（CGMMV）主要为害西葫芦、西瓜、黄瓜、甜瓜等，有不同的株系，种子和土壤是初侵染源。田间操作时，汁液摩擦传毒蔓延。黄瓜黄化病毒（CuYV）只发生在有温室白粉虱的地方，主要为害黄瓜、甜瓜、南瓜、菜瓜、西瓜等，其中保护地黄瓜受害较重。CMV 和 MMV 从侵染寄主到寄主显症，中间有一定的潜隐期，在 25℃ 左右的情况下 7～9 天就可显症，温度低于 18℃ 时，潜隐期可延长到 10 天以上；高温干旱，管理粗放可加重病情。黄瓜种子不带毒，主要在多年生宿根植物上越冬，由于鸭跖草、反枝苋、刺儿菜、酸浆等都是桃蚜、棉蚜等传毒蚜虫的越冬寄主，每当春季发芽后，蚜虫开始活动或迁飞，成为传播此病主要媒介。发病适温 20℃，气温高于 25℃ 多表现隐症。MMV 甜瓜种子可带毒，带毒率 16%～18%。烟草花叶病毒极易通过接触传染，蚜虫不传毒。

4. 防治方法

（1）以栽培防病为主，及时灭蚜。

（2）适当早播，推广地膜覆盖，促幼苗快速生长，提高抗病力。

（3）种子处理，用55℃温水浸种20分钟后移入冷水中冷却，再催芽、播种。

（4）注意选择地块。甜瓜、西瓜、西葫芦不宜混种，以免相互传毒。

（5）培育壮苗，适期定植。整枝打杈及授粉等农事操作不要碰伤叶蔓，防止接触传染。

（6）采用配方施肥技术，提高抗病力。

（7）发现蚜虫为害，可及时喷洒10%吡虫啉可湿性粉剂2 000倍液或3%啶虫脒可湿性粉剂2 000～2 500倍液。

（8）发病初期，可选用20%盐酸吗啉胍可湿性粉剂500倍液或5%菌毒清水剂500倍液或83增抗剂100倍液，对水15kg分别于定植后、初果期、盛果期早晚各喷1次。

六、甜瓜根结线虫病

根结线虫病为甜瓜的重要病害，局部地区为害严重，被害后造成植株矮小，长势似缺水、缺肥状，结果少且小，严重时整株萎蔫、死亡，显著影响甜瓜产量与品质。根结线虫除为害瓜类外，还为害白菜、茄子、番茄、胡萝卜等许多种蔬菜。

1. 症状

主要为害根系，在侧根或须根上产生大小不等的葫芦状浅黄色根结。解剖根结，病组织内部可见许多细小乳白色洋梨形线虫。根结上一般可长出细弱的新根，以后随根系生长再度侵染，形成链珠状根结。田间病苗或病株轻者表现叶色变浅，中午高温时萎蔫。重者生长不良，明显矮化，叶片由下向上萎蔫枯死，最后致全株枯死。

2. 病原

为害甜瓜的根结线虫称南方根结线虫。病原线虫雌雄异形，幼虫细长蠕虫状。雄成虫呈线状，尾端稍圆，无色透明，雌成虫呈梨形，埋生于寄主组织内。

3. 发病规律

土温 20～30℃，湿度 40%～70% 条件下线虫繁殖很快，容易在土内大量积累。一般地势高燥、土质疏松及缺水缺肥的地块或棚室发生较重，通常温室重于大棚，大棚又重于露地。此外，重茬种植发病较重。

南方根结线虫冬季可在多种蔬菜上为害繁殖越冬。北方菜区，线虫主要以雌成虫在根结内排出的卵囊团随病残体在保护地土壤中越冬。温度回升，越冬卵孵化成幼虫，或部分越冬幼虫继续发育在土壤表层内活动。遇到寄主便从幼根侵入，刺激寄主细胞分裂增生形成巨细胞，过度分裂形成瘤状根结。幼虫在根结内发育为成虫，并开始交尾产卵。卵在根结内孵化，一龄幼虫留在卵内，二龄幼虫钻出寄主进行再侵染。主要通过病土、病苗、浇水和农具等传播。

4. 防治方法

（1）选用抗病品种。

（2）选择无病土育苗。增施腐熟的厩肥、河泥等有机肥，搞好田园卫生，菜地休闲时深翻晒土，把表土翻至 20 厘米以下，可减轻为害。

（3）实行轮作倒茬。黄瓜、番茄与大葱、蒜、韭菜和辣椒进行轮作，可减轻发病。

（4）药剂防治。苗床、棚室和露地菜田土壤进行处理，如用 20% 丙线磷颗粒剂每亩施 2～6 千克，10% 克线磷颗粒剂每亩施 4～5 千克，可沟施或穴施或撒施根部附近土壤中。

七、甜瓜枯萎病

甜瓜枯萎病又称萎蔫病、蔓割病，是瓜类重要病害之一，在全国各地均有发生，常造成大片瓜田植株死亡。该病从幼苗到生长后期均可发病，尤其在重茬的大棚中，经常呈点片发生，为害极为严重，一般减产30%～50%，严重者甚至绝产。

1. 症状

发病初期，植株叶片从基部向顶端逐渐萎蔫，中午明显，开始早晚可以恢复，几天后植株全部叶片萎蔫下垂，不再恢复。茎蔓基部稍缢缩，表皮粗糙，常有纵裂。潮湿时根茎部呈水渍状腐烂，表面常产生白色或粉红色霉层。病株根变褐色，易拔起，皮层与木质部易剥离，维管束变褐色。发病高峰期在植株开花至坐果期。

2. 病原

该病菌称尖镰孢菌甜瓜专化型，属半知菌亚门真菌。该菌对甜瓜、香瓜致病性强，对黄瓜致病性弱，对西瓜、冬瓜、丝瓜、南瓜等无致病性。

3. 发病规律

该病发生严重与否，主要取决于当年的侵染量。高温有利于该病的发生和扩展，空气相对湿度90%以上易感病。病菌发育和侵染适温24～25℃，最高34℃，最低4℃；土温15℃潜育期15天，20℃ 9～10天，25～30℃ 4～6天，适宜pH值为4.5～6。调查表明，秧苗老化、连作、有机肥不腐熟、土壤过分干旱或质地黏重的酸性土壤是引起该病发生的主要条件。

该病以病茎、种子或病残体上的菌丝体和厚垣孢子及菌核在土壤和未腐熟的带菌有机肥中越冬，成为翌年初侵染源。在土壤里病菌从根部伤口或根毛顶端细胞间侵入，后进入维管束，在导管内发育，并通过导管，从病茎扩展到果梗，到达果实，随果实腐烂再扩展到种子上，致种子带菌。生产上播种带菌的种子出苗后即可染病；在维管束中繁殖的大、小分生孢子堵塞导管、分泌毒素，引起寄主中毒，使瓜叶迅速萎蔫。地上部的重复侵染主要通过整枝或绑蔓引起的伤口。

4. 防治方法

（1）因地制宜选育和种植抗病品种。

（2）与非瓜类作物实行 1 年以上轮作。

（3）加强栽培管理。①采用无病土育苗，营养土尽量选用塘土、园田土，不用菜地土和瓜田土。②科学配方施肥，堆、沤肥要充分腐熟，适当增施磷、钾肥，控制使用氮肥，提高植株抗病力。③合理灌溉，雨后及时排水，棚室注意通风透气，调整棚内温湿度。④重病地块可用石灰和稻草进行高温彻底灭菌，处理后注意防止病菌再传入。⑤病害严重地区可采用黑籽南瓜、瓠子瓜作砧木与甜瓜接穗斜插嫁接防病。

（4）种子处理。播种前进行种子消毒处理，可用 40% 甲醛 150 倍液浸种 1～2 小时后，洗净晾干播种。

（5）药剂防治。①土壤处理。可用 50% 多菌灵可湿性粉剂或 70% 恶霉灵可湿性粉剂 5～15 克，拌细土 3 千克，均匀盖种或施于定植穴内。②定制缓苗前或发病初用 98% 恶霉灵原粉 2 000 倍液，或 10% 双效灵水剂 1 500 倍液浇根，每株浇药液 0.25～0.5 千克，根据病情防治 1～3 次。

八、甜瓜白粉病

甜瓜白粉病是发生较为普遍的一种病害，尤其中后期植株生长衰弱时，容易发生流行。发病严重时会造成甜瓜转色前大片死亡。甜瓜白粉病菌除为害甜瓜以外，也为害黄瓜、西葫芦、南瓜、苦瓜、西瓜和某些花卉等。

1. 症状

甜瓜白粉病很易发生，从苗期到收获期均可受害，尤以生长后期受害最重。主要为害叶片，初在叶面上现白色霉斑，后渐向四周扩展，形成近圆形斑块，条件适宜时，霉斑扩展十分迅速，病斑相互融合成一片，致整个叶片覆满一层白粉状物，严重的瓜面上也可长出白色粉状物，即病菌的菌丝体和分生孢子。后期在霉斑上产生黄褐色或黑色小粒点，即病原菌闭囊壳。

2. 病原

该病菌称瓜类单囊和葫芦科白粉菌，均属子囊菌亚门真菌。形态特征参见西瓜白粉病。此外，也有报道说二孢白粉菌也是该病病原。

3. 发病规律

白粉病在 10～25℃ 均可发生，能否流行取决于湿度和寄主的长势。低湿可萌发，高湿萌发率明显提高。因此，雨后干燥或少雨，但田间湿度大，白粉病流行速度加快。较高的湿度有利于孢子萌发和侵入。高温干燥有利于分生孢子繁殖和病情扩展，尤其当高温干旱与高湿条件交替出现，又有大量白粉菌源及感病的寄主，此病即流行。北方该病多在春末夏初进入雨季或秋初较干燥时发生或流行，坐瓜四周的功能叶最易感病，以后随坐瓜增多，抗病力下降，病情不断增加。

在寒冷地区，两菌以菌丝体或闭囊壳在寄主上或在病残体上越冬，翌年以子囊孢子进行初侵染，后病部产生分生孢子进行再侵染，致病害蔓延扩展。在温暖地区，病菌不产生闭囊壳，以分生孢子进行初侵染和再侵染，完成其周年循环，无明显越冬期。

4. 防治方法

（1）选用抗病品种。不同品种对白粉病抗性存在差异，要在生产实践中因地制宜地选择使用抗病和耐病品种。厚皮甜瓜可选用伊丽莎白、农友香兰、宝纳斯2号等。

（2）栽培防治。要求施足基肥，并及时追肥，要尽可能增加光照，防止植株早衰，以提高植株抗病能力；栽培方式应采用高畦栽培和地膜覆盖，保护根系，并加强通风，降低棚内湿度；要及时吊秧，摘除枯黄病叶和底叶，带出田外或大棚外集中处理；适当控制浇水，露地瓜应搞好雨后排水，减少田间相对湿度。

（3）药剂防治。发病初期，可选用40%福星乳油8 000~10 000倍液或25%醚菌酯悬浮剂2 000倍液喷雾，7~10天喷1次，连喷2~3次。

九、瓜绢螟

瓜绢螟是瓜类作物上常见的害虫之一。各地以黄瓜受害最重，其次为丝瓜、冬瓜、苦瓜、甜瓜、西瓜、茄子、番茄等。近年夏秋季大棚西瓜栽培增多，为害加重。

1. 学名

Diaphania indica（Saunders），属鳞翅目螟蛾科。

2. 别名

瓜野螟、瓜螟。

3. 为害特点

以幼虫为害瓜类作物的嫩头、幼瓜和叶片。低龄幼虫在叶片背面啃食叶肉，残留表皮成网状，严重时可吃光叶片，仅剩叶脉。三龄后吐丝缀合嫩叶、嫩梢，隐匿其中为害。幼虫还啃食瓜皮，形成疮痂，能蛀入瓜内取食。

4. 发生规律

瓜绢螟1年发生4~6代，以老熟幼虫和蛹在枯叶或表土中越冬。8~10月为害最重。成虫趋光性弱，昼伏夜出，卵产于叶背，散产或 20 粒左右聚集在一起，每个雌虫产卵 300 ~ 400 粒。初孵幼虫多集中在叶背取食叶肉。三龄后吐丝卷叶，缀合叶片或嫩梢。幼虫性活泼，受惊后吐丝下垂转移他处继续为害。最适于幼虫发育的温度为 26 ~ 30℃，相对湿度 80% 以上。老熟幼虫在卷叶内或表土中作茧化蛹。卵期 5 ~ 7 天，幼虫期 9 ~ 16 天，蛹期 6 ~ 9 天，成虫寿命 6 ~ 14 天。

5. 防治方法

（1）栽培防治。及时清洁田园，收集枯藤落叶集中处理，以压低虫口基数。在幼虫发生期，人工摘除卷叶，捏杀幼虫。

（2）药剂防治。应掌握在卵孵化盛期施用农药，并注意将药液喷洒到叶背或嫩头上。可选用杀虫剂 1.8% 爱福丁乳油 3 000 倍液，或 2% 阿维·苏可湿性粉剂 1 500 倍液，或 5% 锐劲特（氟虫腈）悬浮剂 1 500 倍液，或 40% 绿菜保乳油 1 000 倍液，或 10% 多来宝悬浮剂 1 500 ~ 2 000 倍液，或 3% 莫比朗乳油 1 000 ~ 2 000 倍液，或 10% 氯氰菊酯乳油 3 000 ~ 4 000 倍液，或 2.5% 天王星乳油 2 500 ~ 3 000 倍液喷雾。

第四章　西葫芦主要病虫害及防治技术

一、西葫芦病毒病

病毒病是西葫芦的毁灭性病害，一般损失在 20% 左右，如不积极采取防治措施，可造成严重减产或绝产。除为害西葫芦外，还可为害南瓜、笋瓜、甜瓜、西瓜、冬瓜等瓜类蔬菜。

1. 症状

田间症状表现有两种类型。

（1）黄化皱缩型。一种表现为病叶变小，深缺刻，叶缘黄化，皱缩；另一种表现为叶片变小，叶片深缺刻更为明显，如鸡爪状，黄色至淡黄色，与前者叶缘明显变黄有别。

（2）花叶斑驳型。新叶表现明脉及花叶斑驳，叶色浓淡不均，叶片变小，但无明显深缺刻。结瓜畸形。

2. 病原

西葫芦病毒病主要由黄瓜花叶病毒（CMV）、西瓜花叶病毒（WMV）、南瓜花叶病毒（SMV）、甜瓜花叶病毒（MMV）等单独或复合侵染引起。此外，也还有少数烟草环斑病毒（TRSV）、烟草花叶病毒（TMV）、芜菁花叶病毒（TuMV）和马铃薯 Y 病毒。

3. 发病规律

高温干旱有利于有翅蚜迁飞，病害重，露地育苗易发病，苗期管理粗放，缺水，地温高，西葫芦苗生长不良，晚定植，苗大均加重发病，水肥不足，光照强，杂草多的地块病重。矮生西葫芦较感病，蔓生西葫芦抗病性强。

病原传播途径主要有种子带毒传染、带病毒的蚜虫、灰飞虱等传染。田间作业时与发病植株接触后，再与无病植株接触，无病植株被感染。

4. 防治方法

（1）农业防治。①调整播期，尽量使西葫芦发病阶段避开高温高湿季节，避开蚜虫、灰飞虱成虫活动期。②起垄栽培，行间铺 30 厘米宽的银灰色地膜，地膜反光，对传毒蚜虫和灰飞虱等有驱避作用。③在田间作业时，使用工具应消毒，发现病株应及时拔除，以免扩大传染。④减少接触传毒病毒病可通过植物伤口传毒，因此在栽培上应当加大行距，实行吊秧栽培，尽可能减少农事操作造成的伤口。农事操作应遵循先健株后病株的原则。对早熟西葫芦不需打杈，避免造成伤口传毒。⑤加强肥水管理，避免早衰西葫芦秧苗早衰极易感染病毒病，在栽培中必须加强肥水管理，避免缺水脱肥。在高温季节可适当多浇水，降低地温，有条件的地方可采取遮阴降温防止秧苗早衰，抗病能力减弱。

（2）药剂防治。①种子用 10% 磷酸三钠液浸种 20 分钟，或 55℃ 温水浸种 30 分钟。②发病初期可用 20% 盐酸吗啉胍可湿性粉剂 500 倍液，或 NS-83 增抗剂 100 倍液，每 7～10 天 1 次，连喷 3～4 次。③防治蚜虫、线虫。蚜虫是传染病毒病的重要媒介，病毒病的发生及其严重程度与蚜虫的发生量有密切关系，及早防治蚜虫是防治病毒病大规模暴发的关键措施之一。可挂银灰膜驱避蚜虫，还可用 2.5% 的溴氰菊酯或速灭杀丁乳油 2 000～3 000 倍液，50% 抗蚜威可湿性粉剂 800～1 000 倍液，10% 氯氰菊酯乳油 2 500 倍液交替喷雾防治，连喷 3～4 次，间隔 7～10 天，有条件的地方还可用防虫网进行栽培。

二、西葫芦白粉病

白粉病为西葫芦主要病害，分布广泛，各地均有发生，春秋两季发生最普遍，发病率 30% ~ 100%，对产量有明显影响，一般减产 10% 左右，严重时可减产 50% 以上。此病除为害西葫芦外，还为害黄瓜、南瓜、冬瓜、丝瓜、甜瓜等多种瓜类作物。

1. 症状

此病从幼苗到收获期均可发生，以生长中后期受害严重。主要为害叶片、叶柄和茎蔓。发病初期在中下部叶上产生白色近圆形小粉斑，逐渐向外围发展成较大粉斑，随病情发展粉斑可布满整个叶片。以后发病叶片病部组织褪色变黄，最后呈褐色坏死，粉斑颜色亦随病害发展而变深。有时，后期病叶上还形成褐色、渐变深褐色小点。病害严重时，茎蔓和叶柄都可同时产生许多粉状病斑，最终导致植株早衰死亡。

2. 病原

该病菌称单丝壳白粉菌，属子囊菌亚门。

3. 发病规律

病菌产生分生孢子的适温为 15 ~ 30℃，相对湿度 80% 以上。当相对湿度降至 25% 时，分生孢子也能萌发。孢子遇水时，易吸水破裂，对萌发不利。温室大棚和田间在淹水或雨后干旱，白粉病发病重，这是因为干旱降低了寄主表皮细胞的膨压，对表面寄生并直接从表皮侵入的白粉菌的侵染有利，尤其当高温干旱，与高温高湿交替出现时，或持续闷热，白粉病极易流行。栽培过密、光照不足、管理粗放、植株徒长、早衰都会促使白粉病重发生。

病原菌以闭囊壳随病残体越冬，也能在温室大棚生长着的瓜类蔬菜上或月季花上为害越冬。瓜类作物连茬的温室、大棚是病菌的主要越冬场所。子囊孢子或分生孢子借气流或雨水传播，从叶面直接侵入。

4. 防治方法

（1）选用抗病品种。不同品种对白粉病抗性存在差异，在生产实践中因地制宜地选择使用抗病和耐病品种。如美国黑美丽、阿尔及利亚西葫芦、奇山 2 号、灰采尼、早青 1 代、天津 25、邯郸西葫芦等。

（2）温室大棚消毒。温室大棚定植前 10 天左右，造墒后覆膜盖棚，密闭，使棚室温度尽可能升高至 45℃ 以上进行消毒。温度越高、时间持续越长，效果越好。也可每亩温室大棚用 2 ~ 3 千克硫磺粉掺锯末 5 ~ 6 千克点燃熏蒸，还可每亩用 45% 百菌清烟剂 1 千克熏蒸，熏蒸时，温室大棚需密闭。

（3）农业防治。施足底肥，适时追肥，注意磷、钾肥的配合使用，并追施叶面肥，促进植株发育，防止植株早衰，以提高植株抗病能力；及时中耕除草，摘除枯黄病叶和底叶，带出田外或温室大棚外集中深埋处理；适当控制浇水，露地西葫芦应及时中耕，搞好雨后排水，减少田间相对湿度。温室大棚要尽可能增加光照、加强通风。

（4）生物防治。白粉病发病初期，喷洒 2% 农抗 120 水剂 200 倍液或 2% 农抗 BO-10 水剂 200 倍液，4 ~ 5 天喷 1 次，连喷 2 ~ 3 次。

（5）物理防治。发病初期开始喷洒 27% 高脂膜乳剂 80 ~ 100 倍液，5 ~ 6 天喷 1 次，连喷 3 ~ 4 次，可在叶面形成保护膜，防止病原菌侵入。

（6）化学药剂防治。发病初期，可选用 40% 福星乳油 8 000 ~ 10 000 倍液或 50% 甲基托布津可湿性粉剂 800 倍液喷雾防治，7 ~ 10 天喷 1 次，连喷 2 ~ 3 次。

三、西葫芦灰霉病

灰霉病是西葫芦生产上的重要病害，北方保护地、南方露地普遍发生，严重时发病株率可达30%～40%。

1. 症状

主要为害花、幼果、叶、茎或较大的果实。病菌多从叶片边缘侵染，病斑多呈"V"形，湿度大时病斑表面有灰色霉层。病菌首先从凋萎的雌花开始侵入，侵染初期花瓣呈水浸状，后变软腐烂并生长出灰褐色霉层，造成花瓣腐烂、萎蔫、脱落。后病菌逐渐向幼果发展，受害部位先变软腐烂，直至整个果实，果面产生灰色霉层。发病组织如果落在叶片或茎蔓上，也可引起茎叶发病，叶片上形成不规则大斑，中央有褐色轮纹，湿度大时可见灰色霉层，茎蔓发病出现灰白色病斑，绕茎一周后可造成茎蔓折断。

2. 病原

病原是灰葡萄孢菌，属半知菌亚门真菌。有性世代为富克尔核盘菌，属子囊菌亚门真菌。

3. 发病规律

发病适温为23℃，最低2℃，最高31℃。20℃以下低温弱光利于灰霉病的发生。病菌喜高湿条件，当湿度高于94%、寄主衰弱的情况下易发病。

病菌以菌丝、分生孢子或菌核的形式附着在病残体上或遗留在土壤中越冬。分生孢子在病残体上可存活4～5个月。随气流、雨水、昆虫及农事操作而传播蔓延，成为侵染源。

4. 防治方法

（1）搞好生态防治。及时推广高畦覆地膜或滴灌栽培法，生长前期及发病后，适当控制浇水，适时晚放风，降低湿度，减少棚顶及叶面结露和叶缘吐水，并喷施新高脂膜形成保护膜，防治气传性病菌侵入。

（2）加强管理。在用2，4-D蘸花时，因其易造成伤口而利于病菌侵入，故在蘸花时可在2，4-D中加入多菌灵等杀菌剂，以控制病菌侵入。西葫芦苗期、果实膨大期前一周及时摘除病叶、病花、病果及黄叶，保持棚室干净，通风透光。适度浇水、追肥，在西葫芦开花期、幼果期、果实膨大期各喷洒壮瓜蒂灵一次，能使瓜蒂增粗，强化营养输送量，促进瓜体快速发育，瓜型漂亮，使西葫芦高产优质。

（3）发病初期采用烟雾法或粉尘法防治。烟雾法用10%速克灵烟剂，每亩每次200~250克或45%百菌清烟剂，每亩每次250克，熏3~4小时；粉尘法于傍晚喷撒5%灭霉灵粉尘剂，每亩每次1千克，隔9~11天1次，连续或与其他防治法交替使用2~3次。

（4）药剂防治。发病后可选用50%速克灵可湿性粉剂2 000倍液，或50%扑海因（异菌脲）可湿性粉剂1 000~1 500倍液进行防治，隔7~8天喷1次，连续喷2~3次。

四、西葫芦银叶病

西葫芦银叶病发病后，叶片失绿，变成银灰色，表面似有一层蜡质，变厚，造成叶片叶绿素含量降低，严重阻碍光合作用，影响果实正常成熟，开花减少，生长缓慢，导致大幅度减产。

1. 症状

被害植株生长势弱，株型偏矮，叶片下垂，生长点叶片皱缩，呈半停滞状态，茎部上端节间短缩；茎、幼叶和功能叶叶柄褪绿，叶片叶绿素含量降低，叶片初期表现为沿叶脉变为银色或亮白色，以后全叶变为银色，在阳光照耀下闪闪发光，但叶背面叶色正常。幼瓜及花器柄部、花萼变白，半成品瓜、商品瓜也白化，呈乳白色或白绿相间，丧失商品价值。

2. 病原

银叶粉虱 *Bemisia argentifolii* （Bellws & Perring），又称烟粉虱 B 型，属粉虱科小粉虱属。

3. 发病规律

银叶粉虱虫口密度、虫龄、西葫芦品种及光照均影响银叶症状的表现，且光照越强，银叶症状的表现越轻；虫口密度越高，若虫比例越大，银叶症状的表现越重。

4. 防治方法

（1）选用抗病品种。

（2）及时防治烟粉虱、蚜虫，可减少传毒媒介，避免病害的发生。可用 70% 吡虫啉水分散粒剂 5 000 倍液或 48% 毒死蜱乳油 1 000 倍液等杀虫剂，任选一种交替使用，连续防治 3～4 次。

（3）药剂防治。利用豆浆、牛奶等高蛋白物质，用清水稀释 100 倍，每 10 天 1 次，连喷 3～5 次，可在叶面形成一层膜，减弱病毒的侵染能力。20% 盐酸吗啉胍可湿性粉剂 400～500 倍液配合 0.01% 芸苔素 1 500 倍液，每 7 天 1 次，连喷 2～3 次。

五、西葫芦菌核病

菌核病为西葫芦的重要病害，主要在老菜区春季保护地内发生，南方菜区露地亦零星发病。一般发病率 5%～20%，严重棚室病瓜可达 40% 以上，显著影响生产。

1. 症状

此病主要为害幼瓜及茎蔓，严重时也为害叶片。幼瓜染病，多从开败的残花开始侵染，初呈水渍状腐烂，后长出较浓密的絮状白霉，随病害发展，白霉上散生黑色鼠粪状菌核。茎蔓染病，初呈水渍状腐烂，随后病部变褐，长出白色絮状菌丝和黑色鼠粪状菌核，空气干燥时病茎坏死干缩，灰白至灰褐色，最后病部以上茎蔓及叶片枯死。叶片染病呈污绿色水渍状腐烂，病部亦长出白色菌丝和较细小的黑色菌核。

2. 病原

核盘菌属子囊菌亚门真菌，寄主葫芦科、茄科、十字花科、豆科等多种植物。

3. 发病规律

本菌对水分要求较高，相对湿度高于 85%，温度在 15～20℃利于菌核萌发和菌丝生长、侵入及子囊盘产生。因此，低温、湿度大或多雨的早春或晚秋有利于该病发生和流行，菌核形成时间短，数量多。连年种植葫芦科、茄科及十字花科的田块、排水不良的低洼地或偏施氮肥或霜害、冻害条件下发病重。此外，定植期对发病有一定影响。

病菌主要以菌核遗落在土壤中越冬或越夏。温湿度适宜时菌核萌发产生子囊盘和子囊孢子。子囊孢子借气流传播形成初侵染，产生菌丝，植株发病后主要通过病健部接触传播蔓延。

4. 防治方法

（1）收获后彻底清除病残落叶并深翻，将菌核埋入土壤深层，使其不能萌发或子囊盘不能出土。还可覆盖阻隔紫外线透过的地膜，使菌核不能萌发，或抑制子囊孢子飘逸飞散，减少初侵染源。

（2）在春茬结束将病残落叶清理干净后，撒生石灰 3～4.5吨/公顷和碎稻草或小麦秸秆 4～6 吨/公顷，然后翻地、做埂、浇水，最后盖严地膜，关闭棚室闷 7～15 天，使土壤温度长时间达 40℃以上，杀死有害病菌。

（3）发病初期先清除病株病叶，再选用 65% 甲霉灵可湿性粉剂 600 倍液，40% 菌核净可湿性粉剂 1 200 倍液，40% 菌核利可湿性粉剂 500 倍液，重点喷洒茎基和基部叶片。

六、温室白粉虱

白粉虱又名小白蛾子，属同翅目粉虱科，是一种世界性害虫，我国各地均有发生，是温室、大棚内种植作物的重要害虫。寄主范围广，蔬菜中的黄瓜、菜豆、茄子、番茄、辣椒、冬瓜、豆类、莴苣以及白菜、芹菜、大葱等都能受其为害，还能为害花卉、果树、药材、牧草、烟草等 112 个科 653 种植物。

1. 学名

Trialeurodes vaporariorum（Westwood），同翅目，粉虱科。

2. 别名

小白蛾子、白腻等

3. 为害特点

锉吸式口器，成虫和若虫吸食植物汁液，被害叶片褪绿、变黄、萎蔫，甚至全株枯死。此外，由于其繁殖力强，繁殖速度快，种群数量庞大，群聚为害，并分泌大量蜜液，严重污染叶片和果实，往往引起煤污病的大发生，使蔬菜失去商品价值。除严重为害番茄、青椒、茄子、马铃薯等茄科作物外，也是严重为害黄瓜、菜豆的害虫。

4. 发生规律

在北方温室一年发生 10 余代，冬天室外不能越冬，华中以南以卵在露地越冬。成虫羽化后 1～3 天可交配产卵，平均每个产 142.5 粒。也可孤雌生殖，其后代雄性。成虫有趋嫩性，在植株顶部嫩叶产卵。卵以卵柄从气孔插入叶片组织中，与寄主植物保持水分平衡，极不易脱落。若虫孵化后 3 天内在叶背做短距离行走，当口器插入叶组织后开始营固着生活，失去了爬行的能力。白粉虱繁殖适温为 18～21℃。春季随秧苗移植或温室通风移入露地。

5. 防治方法

（1）培育无虫苗。把育苗场所同生产温室分离开，育苗前彻底清理杂草、残株烂叶，并用敌敌畏熏蒸育苗场所后，在通风口用尼龙纱网密封。

（2）避免在温室大棚附近种植白粉虱为害严重的番茄、茄子、菜豆等蔬菜，或与这些蔬菜间作套作。应种植一些白粉虱不喜食的十字花科、百合科蔬菜等，以减少成虫飞入保护地的机会，另外将整枝时打下的枝叶及时清理。对田园及温室内外的杂草及残枝败叶要及时清除，以减少虫源。

（3）生物防治。如在温室中释放草蛉以及丽蚜小蜂对白粉虱都有很好的控制作用。国外利用粉虱座壳孢菌（Aschersoniaaleyrodis）防治白粉虱的效果也很好。

（4）物理防治方法。温室白粉虱对黄色敏感，有强烈的趋性，可在温室内设置黄板诱杀成虫。黄板为纤维板、硬纸板、塑料板等涂成黄色，再涂上一层黏油（可使用10号机油加少量的黄油调匀），7~10天重新涂1次。

（5）在温室大棚休闲时，可利用敌敌畏乳油加硫磺粉和锯末，点燃后进行熏蒸杀成虫。每公顷用80%的敌敌畏乳油6.0~9.0千克。在植株生长期间，用高深度的敌敌畏装在瓶中倒挂，使药液缓慢滴出，借助保护地内热气面挥发，从而杀灭白粉虱。

（6）在化学防治时应当注意的是，由于白粉虱世代重叠，在同一时间的黄瓜植株上存在各种虫态，而当前还没有对所有虫态都有效的药剂，因此，必须连续几次用药，可选用以下药剂：25%螨锰乳油1 000倍液对白粉虱的成虫、若虫和卵都有效或10%扑虱灵乳油1 000倍液或10%吡虫啉可湿性粉剂1公顷施有效成分30克；2.5%天王星乳油3 000倍液可杀成虫、若虫和假蛹，对卵的效果不明显；2.5%功夫乳油3 000倍液；20%灭扫利乳油2 000倍液。

第五章　番茄主要病虫害及防治技术

一、番茄猝倒病

番茄猝倒病是茄科作物常见的苗期病害，俗称歪脖子，南方地区称为小脚瘟。主要为害幼苗或引起烂种。

1. 症状

番茄猝倒病主要发生在育苗盘中或土耕或反季节栽培幼苗的茎基部。病部初呈水渍状，后缢缩，引起幼苗猝倒或枯死。有时种子刚发芽或未出土幼苗即染病，腐烂在土内，造成缺苗，严重的成片死亡，湿度大时病苗上或病苗附近的土面上长出白色絮状霉层，即腐霉菌菌丝体。

2. 病原

该病菌称瓜果腐霉，属鞭毛菌亚门真菌。

3. 发病规律

在育苗期间，由于长期15℃以下低温、高湿、光照不足、通风不良、苗床管理不当或幼苗徒长等都极易引发猝倒病。在冬春育苗期遇连续阴雨、下雪或夏季播种后遇大雨，会引起猝倒病大发生。

病菌以卵孢子随病残体在土壤中越冬，或在土中的病残组织和腐殖质上营腐生生活，条件适宜时卵孢子萌发产生芽管，直接侵入幼芽，或芽管顶端膨大后形成孢子囊，以游动孢子借雨水或灌溉水传播到幼苗上，从茎基部侵入，潜育期1~2天。湿度大时，病苗上产出的孢子囊和游动孢子进行再侵染。

4. 防治方法

（1）应选择地势较高、排水良好的地方作苗床，肥料要充分腐熟，播种均匀，不宜过密。

（2）要选择无病菌的土壤作苗床。旧床土需经过药剂消毒后才能使用。苗床消毒每平方米用70%五氯硝基苯粉剂与50%福美双可湿粉剂（或65%代森锌可湿性粉剂）等量混合粉6～8克。

（3）猝倒病在发病初期，可用70%代森锌可湿性粉剂500倍液或72.2%霜霉威水剂500倍液喷雾，7～10天1次，连续喷2～3天。

二、番茄立枯病

番茄立枯病是番茄幼苗常见的病害之一，各菜区均有发生。主要为害番茄苗床。育苗期间阴雨天气多、光照少的年份发病严重。发病严重时常造成秧苗成片死亡。

1. 症状

刚出土幼苗及大苗均可发病。病苗茎基变褐，后病部缢缩变细，茎叶萎垂枯死；稍大幼苗白天萎蔫，夜间恢复，当病斑绕茎一周时，幼苗逐渐枯死，但不呈猝倒状。病部初生椭圆形暗褐色斑，具同心轮纹及淡褐色蛛丝状霉层，但有时并不明显，菌丝能结成大小不等的褐色菌核，是本病与猝倒病（病部产生白色絮状物）区别的重要特征。

2. 病原

该病由立枯丝核菌引起，病菌属于半知菌亚门真菌。该菌不产生孢子，主要以菌丝体传播与繁殖。

3. 发病规律

播种过密、间苗不及时、温度过高易诱发此病。病菌喜高温、高湿环境，发病最适宜的条件为温度24℃左右。土壤水分多、施用未腐熟的有机肥、播种过密、幼苗生长衰弱、土壤酸性等此类田块发病重。育苗期间阴雨天气多的年份发病重。病菌除为害茄果类外，还可侵染黄瓜、豆类、白菜、油菜、甘蓝等。

病菌以菌丝体或菌核在土中越冬。可在土中腐生2~3年。菌丝能直接侵入寄主，通过水流、农具、带菌堆肥等传播。

4. 防治方法

（1）栽培措施。用新土育苗。注意提高地温，适时放风，增强光照，避免苗床高温、高湿出现。喷洒0.1%的磷酸二氢钾溶液，以提高抗病力。

（2）药剂防治。育苗时进行土壤消毒，每平方米苗床可用50%多菌灵可湿性粉剂8克，加营养土10千克拌匀成药土进行育苗，播前一次浇透底水，待水渗下后，取1/3药土撒在畦面上，把催好芽的种子播上，再把余下的2/3药土覆盖在上面，即下垫上覆，使种子夹在药土中间。发病初期可选用36%甲基立枯磷乳油1 200倍液或70%甲基硫菌灵悬浮剂500倍液。

三、番茄早疫病

早疫病在全国番茄种植区均有发生，主要为害露地番茄，为害严重时，引起落叶、落果和断枝，一般可减产20%~30%，严重时可高达50%以上。

1. 症状

苗期、成株期均可染病，主要侵害叶、茎、花、果。叶片初呈针尖大的小黑点后发展为不断扩展的轮纹斑，边缘多具浅绿色或黄色晕环，中部现同心轮纹，且轮纹表面生刺状不平坦物，别于圆纹病；茎部染病，多在分枝处产生褐色至深褐色不规则圆形或椭圆形病斑，凹或不凹，表面生灰黑色霉状物，即分生孢子梗和分生孢子；叶柄受害，生椭圆形轮纹斑，深褐色或黑色，一般不将茎包住；青果染病，始于花萼附近，初为椭圆形或不规则形褐色或黑色斑凹陷，直径 10～20 毫米，后期果实开裂。病部较硬，密生黑色霉层。

2. 病原

本病由茄链格孢菌侵染所致，属半知菌亚门链格孢属真菌。

3. 发病规律

最适温度为 26～28℃。降雨 2.2～46 毫米，相对湿度大于70%，连续超过 49 小时，该病即开始发生和流行。因此，每年雨季到来的迟早、雨日的多少、降雨量的大小和分布均影响相对湿度的变化及番茄早疫病的扩展。此外，该菌属兼性腐生菌，田间管理不当或大田改种番茄后，常因基肥不足加重为害。

以菌丝或分生孢子在病残体或种子上越冬，可从气孔、皮孔或表皮直接侵入，形成初侵染，经 2～3 天潜育后现出病斑，3～4 天产出分生孢子，并通过气流、雨水进行多次重复侵染。当番茄进入旺盛生长及果实迅速膨大期，基部叶片开始衰老，病菌在番茄田上空得以积累。

4. 防治方法

（1）保护地番茄重点抓生态防治。由于早春定植时昼夜温差大，白天 20～25℃，夜间 12～15℃。相对湿度高达 80% 以上，易结露，利于此病的发生和蔓延。应重点调整好棚内温湿度，尤其是定植初期，闷棚时间不宜过长。防止棚内湿度过大，温度过高。做到水、火、风有机配合，减缓该病的发生蔓延。

（2）采用粉尘法。于发病初期喷施 5% 百菌清粉尘剂，每亩每次 1 千克。每隔 9 天 1 次，连续防治 3～4 次。

（3）用 45% 百菌清烟剂或 10% 速克灵烟剂，每亩每次 200～250 克。

（4）按配方施肥要求，充分施足基肥，适时追肥。提高寄主抗病力。

（5）使用耐病品种。如茄抗 5 号、毛粉 802、烟粉 1 号、陇番 5 号、粤胜、奇果、矮立元、密植红等。此外，番茄抗早疫病品系 NCEBR1 和 NCEBR2 可用于抗病亲本，选育抗病品种。

（6）大面积轮作。应与番茄、马铃薯等实行 3 年以上轮作。

（7）合理密植。以亩定植 4 000 株为宜，前期产量虽低。但中期产量高，小果少，发病轻。

（8）发病初期可选用 10% 苯醚甲环唑可湿性粉剂 800 倍液喷雾。茎秆发病可用 70% 甲基硫菌灵可湿性粉剂 100 倍液涂抹病部，效果更好。

四、番茄晚疫病

番茄晚疫病是番茄上重要病害之一，局部地区发生。番茄晚疫病保护地、露地均可发生，但主要为害保护地番茄。连续阴雨天气多的年份为害严重。发病严重时造成茎部腐烂、植株萎蔫和使果实变褐色，影响产量。

1. 症状

本病发生于叶、茎、果实及叶部，病斑大多先从叶尖或叶缘开始，初为水浸状褪绿斑，后渐扩大。在空气湿度大时病斑迅速扩大，可扩及叶的大半以至全叶，并可沿叶脉侵入到叶柄及茎部，形成褐色条斑。最后植株叶片边缘长出一圈白霉，雨后或有露水的早晨叶背上最明显，湿度特别大时叶正面也能产生。天气干旱时病斑干枯成褐色，叶背无白色霉层，质脆易裂，扩展慢。茎部皮层形成长短不一的褐色条斑，病斑在潮湿的环境下也长出稀疏的白色霜状霉层。

2. 病原

本病由疫霉菌侵染所致。本菌属鞭毛菌亚门疫霉属真菌。番茄晚疫病菌的致病能力很强，有生理分化现象。

3. 发病规律

番茄晚疫病在多雨年份容易流行成灾。相对湿度在95%以上才能产生孢子囊，温度在20～23℃时，菌丝在植物组织内生长最快，潜育期最短。故植株一般在空气潮湿、温暖多雾或经常阴雨的条件下最易发病。感病品种在现蕾开花前后，只要有两天时间白天温度在22℃左右，相对湿度有8小时保持在95%以上，夜间温度在10～13℃，叶片有水滴，保持11～14小时，病原菌就可以侵染发病；番茄不同品种对晚疫病的抗病力有很大差别。番茄不同生育期对晚疫病的抗病力亦不一致。一般幼苗期抗病力强，而开花期前后最易感病。此外，植株生长后期一般生活力较弱，易于感病。个体发育与感病的关系，老龄叶片最先感病。叶片着生部位与发病关系，顶叶最抗病，中叶次之，底叶最感病，但底叶衰亡较快，病斑扩展速度慢。另外，地势低洼、排水不育的地块发病重，密度大或株形高大可使小气候湿度增加，也利于发病。偏施氮肥引起植株徒长，土壤瘠薄、缺氮或黏土等均使植物生长衰弱，有利于病害发生。增施钾肥可降低病菌为害。

番茄晚疫病菌主要以菌丝体在块茎中越冬。带菌种子是病害侵染的主要来源。病菌为害叶片多从气孔或直接穿透表皮侵入。

4. 防治方法

（1）在栽培时要优先考虑选用这些抗病品种。不同番茄品种间抗病性有一定的差异，例如，中粉一号、粉皇后、中杂9号等都高抗早、晚疫病。

（2）实行轮作。因留在栽培地里的病残体是越冬的初侵染源，所以拉秧时不需要清除地面病叶、病果；而且可避免因病菌积累引起突然大发生，采取与非茄科蔬菜进行3年以上轮作。

（3）加强田间管理。不可盲目加大氮肥施用量，防止叶面积过大，叶面结有水滴；露地栽培注意雨后排水，防止大水漫灌，及时中耕破除板结；及时绑架、整枝和打底叶，促使通风透光，改善生态环境，增强植株抗逆性。

（4）药剂防治。在发病初期开始喷洒72%霜脲氰可湿性粉剂500~600倍液或64%恶霜锰锌可湿性粉剂500倍液，均匀茎叶喷雾，一般隔7~10天喷药1次，连续防治4~5次。每隔7~10天喷药1次，共喷2~3次。

五、番茄灰霉病

番茄灰霉病是番茄上为害较重且常见的病害，各菜区都发生。除为害番茄外，还可为害茄子、辣椒、黄瓜、瓠瓜等20多种作物。低温、连续阴雨天气多的年份为害严重。发病严重时造成茎叶枯死和大量的烂花、烂果，直接影响产量。

1. 症状

该病在苗期、成株期均可发病，对叶、茎、花、果实均可为害。苗期发病多从苗的上部或曾经受伤害部位开始，病部灰褐色，腐烂，表面密生灰色霉层。成株期多从叶尖、叶缘开始，向叶内呈"V"形发展。初为水渍状坏死斑，浅褐色，湿度大时，病斑迅速发展成不规则形，有深浅颜色相间如轮纹的大病斑，表面生灰色霉层。花期病菌由开败的花萼处或花托部位侵入，渐向果实发展，使果实蒂部呈水渍状灰白色软腐，并产生灰色霉层。果实膨大时，病菌沿残留柱头或从脐部侵染，初为凹陷的小黑点，逐渐呈水渍状发展，扩大，腐烂，并生灰色霉层，导致病果脱落。

2. 病原

番茄灰霉病的病原是灰葡萄孢菌，属于半知菌的一种真菌。

病菌寄主范围较广，除侵染茄科蔬菜外，还可侵染瓜类、甘蓝、菜豆、莴苣、洋葱、苹果等作物，引起灰霉病。

3. 发病规律

病菌对湿度要求很高，保护地内高湿的环境条件易感染，一般在春节前后，气温低，放不出风，湿度又高，非常有利于灰霉病菌的侵入和再侵染、流行，即使到3月份白天可以放风，但晚上相对湿度仍在80%以上。早春低温阴雨、通风不良、光照不足易出现发病高峰，浇水后如遇低温更易加重病害流行。花期是侵染高峰期，番茄灰霉病菌多从开败的花瓣中侵入，引起发病，继而再侵入果蒂，引起果实腐烂。防治不及时也是造成病害损失的原因之一。

病菌主要以菌核在土壤中或菌丝及分生孢子随病残体在地表或土壤中越冬越夏，在冬暖大棚栽培的番茄植株上可周年为害。成熟后脱落的分生孢子借气流、浇水、棚室滴水、农事操作及病组织自然散落进行传播，在低温高湿条件下萌发芽管，由寄主开败的花器、伤口、坏死组织侵入，也可由表皮直接侵染引起发病。不断重复感染，扩大为害。

4. 防治方法

（1）防治番茄灰霉病最主要的措施是尽力搞好棚室内的通风、透光、降湿，但同时还要保持温度不要太低。

（2）加强肥水管理，使植株长势壮旺，防止早衰及各种因素引起的伤口。发现病株、病果应及时清除销毁。收获后彻底清园，翻晒土壤，可减少病菌来源。

（3）田间初发现病株、病果应随即清理外，还可选用50%异菌脲可湿性粉剂1 500~2 000倍液、30%嘧霉胺可湿性粉剂2 000倍液，7~10天喷1次，连续喷3~4次。要注意病菌容易产生耐药性，因此，在一个生长期内不可使用同一种药剂，而需将上述药剂轮换使用。

六、番茄叶霉病

叶霉病又称"黑毛"，是一种世界性病害，在我国绝大多数番茄种植区均有发生，是温室和塑料大棚内栽培番茄的重要病害之一。该病为害番茄叶片，使其变黄枯萎，影响番茄产量和品质，发病严重时可造成绝收。

1. 症状

叶、茎、花和果实均可受害，以叶片受害最为常见。被害叶片正面出现边缘不清晰的椭圆形或不规则形、浅绿色或淡黄色褪绿斑，其相对的背面产生紫灰色致密绒状霉层（分生孢子梗和分生孢子），有时叶面病斑上也长有同样霉层。发病严重时，叶片上布满病斑，叶片干枯卷曲。病株下部叶片先发病，后逐渐向上蔓延。嫩茎及果柄上也产生与上述相似的病斑，并延及花部，引起花器凋萎及幼果脱落。果实受害，蒂部产生近圆形、硬化凹陷斑。

2. 病原

病原物为褐孢霉，属半知菌亚门真菌。

3. 发病规律

温室内空气流通不畅，湿度大，常造成病害严重发生。阴雨天或光照弱有利于病菌孢子的萌发和侵染，而光照充足，温室内短期增温至 $30 \sim 36$℃，对病害有很大的抑制作用。

病菌以菌丝体随病残体在土壤中越冬，也可以分生孢子附着在种子表面或以菌丝体潜伏于种皮内越冬。翌年，田间病残体上越冬的菌丝体产生分生孢子，通过气流传播，引起初侵染。播种带菌种子也可引起植株发病。在适宜环境条件下，发病部位产生大量分生孢子，借风雨和气流传播引起再侵染。

4. 防治方法

（1）温汤浸种，可用 52℃ 温水浸种 10 分钟，在浸种后 3 小时，晾干播种。

（2）加强栽培管理。适当控制浇水，加强通风排湿；增施磷、钾肥，避免偏施氮肥。

（3）药剂防治。发病初期，可选用 50% 敌菌灵可湿性粉剂 500 倍液、70% 代森锰锌可湿性粉剂 800 倍液、75% 百菌清可湿性粉剂 500 倍液、50% 多硫悬浮剂 700 倍液、50% 多菌灵可湿性粉剂 500 倍液、2% 武夷霉素 100 倍液和 47% 春雷氧氯铜 800 ~ 1 000 倍液等，每隔 7 ~ 10 天喷 1 次，连续 2 ~ 3 次。

七、番茄病毒病

番茄病毒病也称毒素病。根据症状不同，又分别称为花叶病、蕨叶病、条斑病和卷叶病等。番茄病毒病是番茄发生最为普遍、影响产量和品质最大的病害。

1. 症状

常见主要症状有 4 种。

（1）花叶病。叶片出现浓绿与淡绿相间的花叶、斑驳。病叶变小变窄，扭曲畸形，叶面不平，有时叶片呈蕨叶状。病株发育缓慢，植株矮化，中下部叶片纵向向上卷曲，坐果少而小，果面多出现花斑，呈"花脸"状。

（2）蕨叶病。病株顶部嫩叶细长、变小，叶肉退化，仅剩一线状主脉，形似蕨叶。下部叶片纵向向上卷曲，茎部节间缩短，植株生长缓慢。从腋芽新长出的侧枝，其叶片大多呈蕨叶状，节间缩短，有的呈丛枝状。

（3）条斑病。典型症状是在病株的茎、叶柄上产生坏死短条斑。发病初期，在植株顶部茎、叶柄上产生暗绿色至浅褐色、长短不一的纵向短条斑，并逐渐向下蔓延，病斑发展后，呈深褐色至黑褐色，略凹陷。病斑处茎质脆，易折断。横切病茎，皮层和髓部均可见变褐坏死组织。病株易黄萎干枯而死亡。叶片上常产生黄褐色坏死斑点或斑块，扩大后使叶片皱缩凋萎。果实上产生不规则形褐色油渍状斑块，病部凹陷，果实畸形，不能食用。

（4）卷叶病。病株叶脉间黄化，叶片向上卷曲，植株萎缩，生长缓慢。染病早的不能结果。

田间4种症状可单独存在，也能混合发生。同一病株，可单独发生1种症状，也能2种、3种或4种症状同时出现。

2. 病原

引致番茄病毒病的病原有20余种病毒，主要有烟草花叶病毒（TMV）、黄瓜花叶病毒（CMV）、烟草卷叶病毒（TLCV）、马铃薯X病毒（PVX）、苜蓿花叶病毒（AMV）等。其中花叶病主要是由烟草花叶病毒（TMV）侵染造成的。蕨叶病主要是由黄瓜花叶病毒（CMV）侵染造成的。条斑病主要是由烟草花叶病毒（TMV）的一个株系侵染造成的。此外，烟草花叶病毒和马铃薯X病毒（PVX）混合侵染，烟草花叶病毒与黄瓜花叶病毒混合侵染可引起复合条斑症状。卷叶病主要是由烟草卷叶病毒（TLCV）侵染造成的。

3. 发病规律

番茄病毒病的发生与环境条件关系密切，高温干旱发病重。番茄病毒病的毒源在一年内有周期性变化规律，冬春两季以烟草花叶病毒为害为主，夏秋季节以黄瓜花叶病毒为害为主。

烟草花叶病毒是一种毒力很强的植物病毒，其寄主范围十分广泛，可以在各种植物上越冬，种子也可带毒，烟草花叶病毒通过汁液接触传染，田间农事操作过程中，人和农具与病健植株接触传染是引起该病的流行的重要因素。带毒卷烟、种子及土壤中带毒寄主的病残体可成为该病的初侵染源。黄瓜花叶病毒寄主范围也很广泛，主要由蚜虫传播，这类病毒可在多年生宿根植物上越冬。这些带毒宿根植物春季发芽，蚜虫取食这些植物便可带毒，然后迁飞到番茄上取食为害，便引起番茄发病。

4. 防治方法

（1）选用抗病品种。如早丰、早魁、苏抗 4 号、中蔬 4 号、佳粉 10 号、鲁番茄 3 号、鲁番茄 7 号、历强粉、鲁粉 3 号、西粉 3 号、毛粉 802、线粉 2 号等可选择利用。

（2）种子消毒。将种子用 10% 磷酸三钠（Na_3PO_4）浸种 20 分钟，然后用水洗净催芽播种；或将干燥种子置 70℃ 干热条件下（如恒温干燥箱）处理 72 小时，再浸种催芽。

（3）农业栽培防治。改善耕作，避免茄科蔬菜重茬，病重地实行 3 年以上轮作，以减少侵染源，结合整地，可撒施适量石灰粉，以促使土壤中病残体上烟草花叶病毒的钝化。要多施腐熟优质有机肥，一般要求每亩施腐熟圈粪 5 000 千克以上，配合大粪干 500 千克，过磷酸钙 100 千克，硫酸钾 50 千克作基肥，还要及时追肥和施叶面肥，提高植株抗性。农事操作如在打杈、采收、移苗、定植、绑蔓等之前，要用肥皂或 10% 磷酸三钠溶液洗手，尤其在接触病株以后更要洗手，防止人为传播病毒。田间发现重病株，要及时拔除。

（4）药剂防治。发病初期可选用 20% 病毒克星 400 倍液，或 20% 病毒 A 可湿性粉剂 500 倍液，或 1.5% 植病灵乳剂 1 000 倍液，10 天喷 1 次，连喷 2~3 次。

八、番茄斑枯病

番茄斑枯病又称为白星病、鱼目斑病，是番茄叶部常见的一种病害。我国由南到北各番茄产区都有发生。而且该病可在番茄各生育期发生，在结果期间严重发病时会造成早期落叶，影响产量。除为害番茄外，还能为害茄子、马铃薯及多种茄科杂草。

1. 症状

斑枯病主要为害番茄的叶片、茎和花萼，尤其在开花结果期的叶片上发生最多，果柄和果实很少受害。通常是接近地面的老叶最先发病，以后逐渐蔓延到上部叶片。初发病时，叶片背面出现水渍状小圆斑，不久正反两面都出现圆形和近圆形的病斑，边缘深褐色，中央灰白色，凹陷，一般直径 2~3 毫米，密生黑色小粒点（分生孢子器）。由于病斑形状如鱼目，故有鱼目斑病之称。发病严重时，叶片逐渐枯黄，植株早衰，造成早期落叶。茎上病斑椭圆形，褐色，果实上病斑褐色，圆形。

2. 病原

该病由番茄壳针孢菌侵染所致，属半知菌亚门球壳孢目壳针孢属真菌。

3. 发病规律

温暖潮湿和阳光不足的阴天，有利于斑枯病的产生。当气温在 15℃ 以上，遇阴雨天气，同时土壤缺肥、植株生长衰弱，病害容易流行。斑枯病常在初夏发生，到果实采收的中后期蔓延很快。

病菌主要以分生孢子器或菌丝体随病残体遗留在土中越冬，也可以在多年生的茄科杂草上越冬。翌年病残体上产生的分生孢子是病害的初侵染来源。分生孢子器吸水后从孔口涌出分生孢子团，借雨水溅到番茄叶片上，所以接近地面的叶片首先发病。此外，雨后或早晚露水未干前，在田间进行农事操作时可以通过人手、衣服和农具等进行传播。分生孢子在湿润的寄主表皮上萌发后从气孔侵入，菌丝在细胞间蔓延，以分枝的吸器穿入寄主细胞内吸取养分，使细胞发生质壁分离而死亡。菌丝成熟后形成新的分生孢子器和分生孢子进行再次侵染。

4. 防治方法

（1）轮作。重病地与非茄科作物实行 3 ~ 4 年轮作，最好与豆科或禾本科作物轮作。

（2）田园卫生。番茄采收后，要彻底清除田间病株残余物和田边杂草，集中沤肥，经高温发酵和充分腐熟后方能施入田内。

（3）选用无病种子和种子处理。从无病株上选留种子。如种子带菌，可用 50℃温汤浸种 25 分钟，晾干备用。

（4）喷药保护。发病初期可选用 70% 代森锰锌可湿性粉剂 800 倍液或 40% 苯醚咪酰胺可湿性粉剂 2 000 倍液喷雾防治，每 7 ~ 10 天喷 1 次，连续喷 2 ~ 3 次。

九、番茄绵疫病

绵疫病是番茄的重要病害，我国南北菜区均普遍分布，遇连阴雨天气，气温较高时病害流行，常造成毁灭性的灾害。

1. 症状

绵疫病主要为害果实，但茎、叶等全株各个部位亦可受害。只要条件适于发病，任何生长期的果实均可受害。果实的任何部位均可染病，先出现污褐色湿润状、不定形的病斑，迅速向四周扩展，显出深污褐和浅污褐色的轮纹，最后病斑可覆盖大部分至整个果实表面，果肉腐烂变软。病斑上长出许多白色絮状的霉层，为病菌的菌丝、孢囊梗和孢子囊。叶片染病亦可产生污褐色不定形病斑，多从叶缘先发病，迅速扩展至全叶变黑枯死、腐烂，潮湿时亦长出白色霉层。

2. 病原

番茄绵疫病的病原主要是寄生疫霉菌以及辣椒疫霉和茄疫霉，均属于鞭毛菌的真菌。

3. 发病规律

阴雨连绵、相对湿度在 85% 以上，平均气温在 25～30℃ 的天气条件，特别是雨后转晴天，气温骤升，最有利于绵疫病的流行。菜田低洼、土质黏重、整地和管理粗放、种植过密、田间通风透光性差等情况均有利于绵疫病流行。

绵疫病菌主要以卵孢子、厚壁孢子或菌丝体在病残体和土壤中越冬，为来年的初侵染菌源。南方温暖地区几乎一年四季都种植番茄，病株上的孢子囊也可以成为下季番茄发病的初侵染菌源。在温度适宜、有雨、湿度大的条件下，孢子囊即可萌发释放出游动孢子，游动片刻后成休止孢，然后萌发长出芽管进行侵染。初侵染发病后又长出大量新的孢子囊，通过气流或风雨传播，在同一生长季可多次侵染。

4. 防治方法

（1）轮作。避免与茄子、辣椒等茄科蔬菜连作或邻作。与葱蒜类或水稻轮作效果较好。

（2）采收后彻底清洁田园，病残体带出田外集中销毁。

（3）种植前深翻晒土，高畦深沟，整平畦面以利雨后迅速排水。

（4）勿过度密植，勤除畦面杂草，及时整枝打杈，开花结果后可适当剪除底部老叶，以利田间通风透光。

（5）发现病害应立即加强喷药防治。可选用 58% 瑞毒霉锰锌可湿性粉剂 500～600 倍液或 64% 恶霜锰锌可湿性粉剂 500 倍液或 30% 氧氯化铜悬浮剂 500 倍液或 80% 乙膦铝可湿性粉剂 500～600 倍液。隔 7～10 天喷 1 次，连续喷 3～4 次。

十、番茄茎基腐病

番茄茎基腐病发生普遍，造成大量死苗，对番茄生产造成严重威胁。

1. 症状

该病主要为害茎基部。发病初期，茎基部皮层外部无明显病变，而后茎基部皮层逐渐变为淡褐色至黑褐色，绕茎基部一圈，病部失水变干缩。纵剖病茎基部，木质部变为暗褐色。病部以上叶片变黄、萎蔫。后期叶片变为黄褐色，枯死，多残留枝上不脱落，根部及根系不腐烂。

2. 病原

由立枯丝核菌引起，病菌属半知菌亚门真菌。

3. 发病规律

卵孢子随病残体越冬。高温高湿、多雨、低洼黏重的土壤发病重。通过浇水、雨水传播蔓延，进行再侵染。种植中平畦定植番茄，浇大水，加之使用未腐熟的有机肥，定植时浇水温差大，夏季气温较高，秧苗长时间在炎热高温污水环境下浸泡和蒸腾造成茎基腐病大发生。

病菌以菌核在病残体上越冬，并可在土壤中长期腐生。条件适宜时，菌核萌发，产出菌丝侵染幼苗，致使植株发病。病菌发育适温 24℃，最高 42℃，最低 13℃。但是该病往往在寄主比较衰弱时方会发生。

4. 防治方法

（1）选用抗病品种。常见的抗病品种有毛粉 802、大红一号等。

（2）培育无病壮苗。选择地势干燥，平坦地块育苗。育苗时先用 55℃水 10～15 分钟浸种，然后用 0.10% 高锰酸钾浸种后播种。

（3）加强田间管理。适时精细定植苗，定植时带土移栽。定植后发病，可在茎基部施用药土。

（4）药剂防治。初发病时喷撒 40% 拌种双粉剂悬浮液 800

倍液，或用 20% 甲基立枯磷乳油 1 200 倍液。也可在病部涂五氯硝基苯粉剂 200 倍液加 50% 福美双可湿性粉剂 200 倍液，效果更好。

十一、番茄青枯病

番茄青枯病，是番茄上常见的维管束系统性病害之一，各地普遍发生，保护地、露地均可发生。南方及多雨年份发生普遍而严重。发病严重时造成植株青枯死亡，导致严重减产甚至绝收。

1. 症状

番茄青枯病又称细菌性萎蔫病。坐果初期开始发病，首先是顶部叶片萎蔫下垂，随后下部叶片出现萎蔫，中部叶片萎蔫最迟。病株起初白天中午萎蔫明显，晚间则恢复正常。经 2～3 天便会全株凋萎，直至枯死，植株死后仍保持青绿。横切新鲜病茎，可见维管束已变褐色，轻轻挤压有白色黏液渗出，这是细菌性青枯病的重要特征，根据这一特征可将青枯病与真菌性枯萎病相区别。

2. 病原

此病由细菌青枯假单胞菌侵染引起。

3. 发病规律

一般在土温 20℃ 左右时病菌开始活动，田间出现少数病株，土温上升到 25℃ 时，病菌活动旺盛，病株显著增加，病情加重，土温再增高时，植株大量死亡。土质黏性、微酸性、缺肥、排水不良的地块，通常发病较重。久雨或大雨后转晴发病重。根部土壤含水量达 25% 以上利于发病。我国长江流域和南部地区的番茄栽种季节，气温一般较高，因此降雨的迟早和雨量的大小，往往是病害发生早晚和轻重的关键因素。重茬或与感病作物连作，病害重。

病原细菌主要在病株残余遗留在土中越冬。它在病残体上能营腐生生活，即使没有适当寄主，也能在土壤中存活 14 个月乃至更长的时间。病菌从寄主的根部或茎基部的伤口侵入，侵入后就在维管束的螺纹导管内繁殖，并沿导管向上蔓延，以致阻塞或穿过导管侵入邻近的薄壁组织，使之变褐腐烂。整个输导器官被破坏后，茎、叶因得不到水分的供应而萎蔫。田间病害的传播，主要通过雨水和灌溉水将病菌带到无病的田块或健康的植株上。此外，农具、家畜等也能传病。

4. 防治方法

（1）选用抗病品种。

（2）土壤处理。可与瓜、葱、蒜等实行 3～5 年轮作。用无病土育苗，或用 1∶50 的福尔马林液喷洒床土，结合整地，亩撒施石灰 50～100 千克，使土壤呈微酸性，以减少发病。

（3）加强栽培管理。春番茄早育苗、早移栽，秋番茄适期晚定植，使发病盛期避开高温季节，可减轻受害。采用高垄栽培，适当控制灌水，切忌大水漫灌；高温季节，要早晚浇水，以免伤根。要施足底肥，肥料要充分腐熟，生长期要适当增加磷钾肥，也可用硼酸液（10 毫克/千克）作根外追肥，以促进维管束的生长，提高抗病力。防止伤根，注意保护根系。

（4）药剂防治。田间发现病株，应立即拔除，并向病穴浇灌 2% 福尔马林溶液或 20% 石灰水消毒；或灌注 100～200 毫克/千克的农用链霉素；或灌注新植霉素 4 000 倍液。每株灌注 0.25～0.5 千克，每隔 10～15 天灌 1 次，连续灌 2～3 次。也可在发病前开始喷 25% 琥珀酸铜（DT）或 70% 乙膦铝（DMT）可湿性粉剂 500～600 倍液，7～10 天喷 1 次，连续喷 3～4 次。

十二、番茄溃疡病

番茄溃疡病是一种毁灭性病害，严重发病的地块番茄减产达25%~75%。我国已将其列为检疫对象以防止和控制病害的发生蔓延。

1. 症状

番茄的幼苗、叶片、茎秆、果实等均可发生此病。幼苗发病时，先从叶片边缘部位开始，由下而上逐渐萎蔫，发病严重时，植株矮化或枯死。叶片被害时，叶缘卷曲，后扩展到整个叶片，表现皱缩，干枯，凋萎，似失水状。果实受害时，病菌由果柄进入，幼果表现皱缩、畸形。果面上形成圆形的病斑，呈白色，有时隆起，单个病斑较多，且大小一致，中间为褐色，形似"鸟眼"称为鸟眼斑，有时病斑会连在一起。茎秆受害时，长有许多不定根。茎内维管束变褐，向上向下发展，由一节发生导致多节为害，后期茎秆变空、下陷或沿着茎或果柄、叶柄处开裂，最后植株枯死。横切叶柄、果柄、茎秆时，均可见到中间呈褐色腐烂状，湿度大时，茎中会溢出白色菌液。

2. 病原

番茄溃疡病为细菌性病害，菌体杆状或棒状，无鞭毛，寄主范围仅限于茄科的一些种、属。

3. 发病规律

温暖潮湿的气候和结露时间长，有利于病害发生。气温超过25℃，降雨尤其是暴雨多利于病害流行，喷灌的地块病重。土温28℃发病重，16℃发病明显推迟。偏碱性的土壤利于病害发生。

病菌可在种子和病残体上越冬，可随病残体在土壤中存活2~3年。病菌由伤口侵入寄主，也可以从叶片的毛状体、果皮直接侵入。病菌侵入寄主后，经维管束进入果实的胚，侵染种子脐部或种皮，使种子带病。带病种子、种苗以及病果是病害远距离传播的主要途径。田间主要靠雨水、灌溉水、整枝打杈，特别是带雨水作业传播。

4. 防治方法

（1）在种子、种苗、果实调运时，要严格检疫，严格划分疫区。尤其是从疫区往外调运的种子、种苗和果实，必须经过检疫，一旦发现带菌种子、病苗和病果进入无病区，须立即采取安全措施，防止病原扩散。

（2）建立无病留种地和对种子进行严格消毒灭菌。从无病地健株上采种，必要时进行种子消毒。

（3）使用新苗床或采用营养钵育苗。对旧苗床，使用前必须消毒，可用40%福尔马林30毫升加水3～4升，喷淋消毒灭菌，喷后用塑料薄膜盖5小时，揭膜后过15天再播种。

（4）加强田间管理，注意及时除草，避免带露水操作，避免雨水未干时整枝打杈。雨后及时排水，及时清除病株并烧毁。整枝打杈时，应在晴天上午无露水时进行。

（5）药剂防治。发现病株及时拔除，清除病残体，并对全田进行喷雾防治。药剂可选用47%氧氯化铜可湿性粉剂500倍液、50%琥胶肥酸铜可湿性粉剂500倍液、72%农用链霉素水溶性粉剂或硫酸链霉素可溶性粉剂3 000～4 000倍液喷雾。施药时注意药剂的轮换使用，隔7～10天喷1次，连喷2～3次。

十三、番茄软腐病

番茄软腐病是一种常见的病害，又叫囊果病。全国各地均有发生。

1. 症状

主要侵害果实，也可为害茎部。果实染病，果面初呈水渍状变色，果皮虽然完整，但内部浆果肉变色腐烂成粥样状至水样状，闻之有恶臭，最终果实失水皱缩，丧失果形，如泄气的气球挂于枝上，相当显眼。茎枝染病，多从整枝打杈造成的伤口开始，致髓部腐烂，终致茎枝干缩中空，病茎枝上端的叶片变色、萎垂。

2. 病原

为欧氏杆状细菌，称胡萝卜软腐欧氏杆菌胡萝卜软腐致病型。本菌除为害十字花科蔬菜外，还侵染茄科、百合科、伞形花科及菊科蔬菜。

3. 发病规律

病菌发育适温虽较高（25～30℃），但其温度范围较宽（2～40℃），故温度高低皆可发病，而高温、多雨对病害的影响最为重要。菜地连作、地势低洼、土质黏重、雨后积水或大水漫灌均易诱发本病，久旱遇大雨也可加重发病，施用未腐熟的粪肥，或茄果整枝打杈、受日灼及棉铃虫、烟青虫等害虫为害造成伤口多，易发病。

病菌随其他寄主或病残体在大田及土地中越冬。春后随风雨、灌溉和昆虫传播，经伤口侵入。青果若伤口大，腐生霉菌或其他细菌混害，原伤口迅速扩展湿烂，导致落果，茎部侵入途径主要来自整枝未芽造成的伤口，这种伤口一般很大，难于短期内愈合，给病原侵入创造了条件。细菌侵入后分泌果胶酶溶解中胶层，致使胞内水分外溢，导致腐烂。

4. 防治方法

（1）早整枝、打杈，避免阴雨天或露水未干之前整枝。

（2）及时防治蛀果害虫，减少虫伤。

（3）必要时喷洒 25% 络氨铜水剂 500 倍液，或 50% 琥胶肥酸铜可湿性粉剂 500 倍液、72% 农用硫酸链霉素可溶性粉剂 4 000 倍液、77% 可杀得可湿性微粒粉剂 500 倍液。

十四、番茄炭疽病

番茄炭疽病是番茄上一种较常见的病害，炭疽病病菌在果实着色前侵染，潜伏到着色以后发病，在生长中后期和采收后的贮运销售期间亦可引起果实腐烂，造成损失。

1. 症状

在番茄生长后期发生，为害近成熟的果实。发病初期果实表面产生水浸状透明小斑点，后扩展成圆形或近圆形黑褐色病斑，稍微凹陷，略具同心轮纹，其上密生小黑点，即病菌分生孢盘。湿度大时，潮湿时斑面密生针头大朱红色液质小点，后期果实腐烂，脱落。

2. 病原

番茄刺盘孢，病菌属于半知菌亚门真菌。

3. 发病规律

病菌喜高温，6～35℃均可发育，病菌生长适温为 25～32℃，空气相对湿度 97% 以上，低温多雨的年份病害严重，烂果多。气温 30℃ 以上的干旱天气停止扩展。重茬地、地势低洼、排水不良、氮肥过多、植株郁蔽或通风不良、植株生长势弱的地块发病重。越接近成熟的果实越易受害。

病原主要以菌丝体随病残体遗留在土壤中越冬，也可以潜伏在种子上。以分生孢子作为初侵与再侵接种体，借助雨水溅射而传播，从伤口或直接侵入致病。病菌具有潜伏侵染特性，未着色的果实染病后并不显出症状，直至果实成熟时才表现症状，并在果实贮运期继续为害。

4. 防治方法

（1）与非茄果类蔬菜实行 3 年以上轮作，收获后做好清园工作，销毁病残体。

（2）采用高畦或起垄栽培，深翻晒土，结合整地施足量优质有机底肥。

（3）番茄是生长期较长的作物，要精心管理，及时插杆架果、整枝打杈绑蔓，勤除草以利田间通风降湿，果实成熟期及时采收，提高采收质量，病果带出田外及时销毁。

（4）发病初期可喷洒 25% 溴菌腈可湿性粉剂 500 倍液，或 25% 咪酰胺乳油 800 倍液，或 50% 施保功可湿性粉剂 1 500 倍液或 10% 苯醚甲环唑水分散性颗粒剂 800～1 000 倍液，或 30% 氧氯化铜悬浮剂 500 倍液。7～10 天喷 1 次，连续喷 3～4 次，采收前 7 天停止用药。

十五、美洲斑潜蝇

美洲斑潜蝇是一种多食性害虫，原分布在巴西、加拿大、美国、墨西哥、古巴、巴拿马、智利等 30 多个国家和地区。我国 1994 年在海南首次发现后，现已扩散到全国 20 多个省份，寄主广泛，已成为为害瓜类、豆类等作物的主要害虫之一，其中瓜类作物受害最重。为害严重的叶片迅速干枯。受害田块受蛀率 30%～100%，减产 30%～40%，甚至绝收。

1. 学名

Liriomyza sativae（Blanchard），双翅目潜蝇科。

2. 别名

俗称蔬菜斑潜蝇、蛇形斑潜蝇、甘蓝斑潜蝇等。

3. 为害特点

成、幼虫均可为害，雌成虫飞翔把植物叶片刺伤，进行取食和产卵，幼虫潜入叶片和叶柄为害，产生不规则蛇形白色虫道，叶绿素被破坏，影响光合作用。受害重的叶片脱落，造成花芽、果实被灼伤，严重的造成毁苗。

4. 发生规律

成虫以产卵器刺伤叶片，吸食汁液。雌虫把卵产在部分伤孔表皮下，卵经 2 ~ 5 天孵化，幼虫期 4 ~ 7 天。末龄幼虫咬破叶表皮在叶外或土表下化蛹，蛹经 7 ~ 14 天羽化为成虫。每世代夏季 2 ~ 4 周，冬季 6 ~ 8 周。美洲斑潜蝇等在我国南部周年发生，无越冬现象。世代短，繁殖能力强。

5. 防治方法

（1）严格检疫，防止该虫扩大蔓延。南菜北运时，发现有斑潜蝇幼虫、卵或蛹时，要就地销售，防止把该虫运到北方。

（2）各地要重点调查，严禁从疫区引进蔬菜和花卉，以防传入。

（3）农业防治。在斑潜蝇为害重的地区，要考虑蔬菜布局，把斑潜蝇嗜好的瓜类、茄果类、豆类与其不为害的作物进行套种或轮作；适当疏植，增加田间通透性；收获后及时清洁田园，把被斑潜蝇为害作物的残体集中深埋、沤肥或烧毁。

（4）棚室保护地和育苗畦提倡用蔬菜防虫网防治美洲斑潜蝇，能防止斑潜蝇进入棚室中为害、繁殖。提倡全生育期覆盖，覆盖前清除棚中残虫，防虫网四周用土压实，防止该虫潜入棚中产卵。

（5）生物防治。①释放潜蝇姬小蜂，平均寄生率可达78.8%。②喷洒 0.5% 楝素杀虫乳油（川楝素）800 倍液、6% 绿浪（烟百素）900 倍液。

（6）适期进行科学用药。该虫卵期短，大龄幼虫抗药力强，生产上要在成虫高峰期至卵孵化盛期或低龄幼虫高峰期施用斑潜蝇发生量大时，定植时可用噻虫嗪灌根，更有利于对斑潜蝇的控制。

十六、棉铃虫

棉铃虫属鳞翅目，夜蛾科，在全国各地均有发生。该虫食性杂，寄主植物有 20 多科 200 余种。在栽培的作物中，除棉花外，还为害小麦、玉米、高粱、番茄、豆类、瓜类等。

1. 学名

Helicoverpa armigera（Hubner），属鳞翅目，夜蛾科。

2. 别名

钻桃虫、钻心虫。

3. 为害特点

棉铃虫是茄果类蔬菜的主要害虫。以幼虫蛀食蕾、花、果，也为害嫩茎、叶和芽。花蕾受害时，苞叶张开，变成黄绿色，2～3 天后脱落。幼果常被吃空或引起腐烂而脱落，成果虽然只被蛀食部分果肉，但因蛀孔在蒂部，便于雨水、病菌流入引起腐烂，所以，果实大量被蛀会导致果实腐烂脱落，造成减产。

4. 发生规律

棉铃虫在我国各棉区由北向南 1 年可发生 3～7 代，黄河流域棉区 1 年 4～5 代，以蛹在 3～10 厘米深的土中越冬，4 月中旬到 5 月上旬，气温在 15℃以上时开始羽化，先在小麦或春玉米等作物上为害，2～4 代在棉花等作物上为害。棉田内成虫盛发期在 6～8 月中旬，产卵在各月下旬，幼虫为害在各月的月末。成虫有趋光性，对半枯萎的杨树枝把有很强的趋性。成虫在生长旺盛茂密、现蕾早的棉田产卵量比长势差的棉田多几到几十倍。6 月下旬 1 代成虫的卵多产在棉株上部嫩叶正面。7 月下旬到 8 月下旬，2 代、3 代成虫多产卵在幼蕾的苞叶上和嫩叶正面，少数产在叶背面和花上。幼虫龄前多在叶面活动为害，这是药防治的有利时机，三龄以后多钻蛀到蕾铃内部为害，不易防治。棉铃虫喜中温高湿，各虫态发育的最适温度为 25~28℃，相对湿度为 70%~90%，6 月至 8 月降水量达 100~150 毫米的年份，棉铃虫就会严重发生。寄生性天敌主要有姬蜂、茧蜂、赤眼蜂、菌类等；捕食性天敌主要有瓢虫、草岭、捕食螨、胡蜂和蜘蛛等，注意保护利用天敌，对棉铃虫有显著的控制作用。

5. 防治方法

（1）搞好预测预报。

（2）农业防治。果园内不要种植棉花、番茄等易诱其产卵的农作物，以减少产卵量。

（3）生物防治。在 2 代棉铃虫卵高峰期后 3~4 天及 6~8 天，连续喷射 2 次细菌性杀虫剂，如 Bt 乳剂、HD-1 苏云金芽孢杆菌制剂或棉铃虫核型多角体病毒。

（4）利用高压汞灯、黑光灯或杨枝把诱蛾。

（5）抓住孵化期至二龄幼虫尚未蛀入果内时，喷洒 2.5% 功夫（氯氟氰菊酯）乳油 5 000 倍液、天王星（联苯菊酯）乳油 3 000 倍液、20% 甲氰菊酯乳油 2 000 倍液等。

第六章　茄子主要病虫害及防治技术

一、茄子灰霉病

茄子灰霉病是近年来保护地茄子生产中的重要病害。该病发生早，传播快，为害重。有些保护地病果率高达 20～30%，造成很大损失。

1. 症状

茄子苗期、成株期均可发生灰霉病。幼苗染病，子叶先端枯死，后扩展到幼茎，幼茎缢缩变细，常自病部折断枯死，真叶染病出现半圆至近圆形淡褐色轮纹斑，后期叶片或茎部均可长出灰霉，致病部腐烂。成株染病，叶缘处先形成水浸状大斑，后变褐，形成椭圆或近圆形浅黄色轮纹斑，直径 5～10 毫米，密布灰色霉层，严重的大斑连片，致整叶干枯。茎秆、叶柄染病也可产生褐色病斑，湿度大时长出灰色霉层。果实染病，幼果果蒂周围局部先产生水浸状褐色病斑，扩大后呈暗褐色，凹陷腐烂，表面产生不规则轮状灰色霉层，失去食用价值。

2. 病原

该病菌称灰葡萄孢，属半知菌亚门真菌。有性世代为富克尔核盘菌，属子囊菌亚门真菌。

3. 发病规律

在温度 20℃左右、湿度在 90% 以上时最有利于该病的发生。在冬春温室和大棚的低温、高湿环境、连茬地、密度大、植株徒长、光照不足、棚室内施用未腐熟有机肥或施氮肥过多，低洼潮湿处发病均较重。

病菌以分生孢子在病残体上，或以菌核在地表及土壤中越冬，成为翌年的初侵染源。发病组织上产生分生孢子，随气流、浇水、农事操作等传播蔓延，形成再侵染。多在开花后侵染花瓣，再侵入果实引发病害，也能由果蒂部侵入。病果采摘后，随意扔弃，或摘下的病枝病叶未及时带出温室或大棚，最易使孢子飞散传播病害。

4. 防治方法

（1）多施充分腐熟的优质有机肥，增施磷、钾肥，以提高植株抗病能力。

（2）温室大棚茄子以控制温度、降低湿度为中心进行生态防治。进行高畦栽培地膜覆盖，设法增加光照，提高温室大棚温度、降低湿度等。上午日出后拉开草苫，使棚室温度保持在28～30℃，夜间保持温度16～20℃，最低不低于12℃。浇水应采用地膜下浇暗水技术，缩短叶面结露持续时间。

（3）药剂防治。发病初期，可选用40%施佳乐悬浮剂800倍液，或50%农利灵可湿性粉剂1 000倍液或65%抗霉威可湿性粉剂1 000倍液等喷洒防治。每7天1次，连喷2～3次，尤其注意，露地栽培时雨后应立即喷药。

二、茄子叶霉病

茄子叶霉病也叫茄子绒菌斑病，在我国北方地区呈加重的趋势，甚至成为某些地区的主要病害，造成重大损失，减产达30%～40%。

1. 症状

茄子叶霉病主要为害茄子的叶和果实。叶片染病，出现边缘不明显的褪绿斑点，病斑背面长有灰绿色霉层，致使叶片过早脱落。果实染病，病部呈黑色，革质，多从果柄蔓延下来，果实呈白色斑块，成熟果实的病斑为黄色、下陷，后期逐渐变为黑色，最后果实成为僵果。

2. 病原

该病菌称褐孢霉，属半知菌亚门真菌。

3. 发病规律

该病发生温度以 20～25℃，相对湿度高于 85% 时为最适。生产上该病多发生在春保护地茄子生长中后期。温室内空气流通不良、湿度过大，易诱发此病。阴雨天气或光照弱有利于病菌孢子的萌发和侵染。定植过密、株间郁蔽、田间有白粉虱为害等易诱发此病。

该病主要以菌丝体在病残体或以菌丝潜伏在种子中或以分生孢子附着于种子上越冬，翌年如遇适宜环境条件即产生分生孢子，可借气流、流水或农事操作传播。病菌分生孢子出生芽管，主要从寄主叶背气孔侵入，以后病斑上又产生分生孢子进行再侵染，在成株期病害蔓延最迅速。

4. 防治方法

（1）收获后及时清除病残体，集中深埋或烧毁。

（2）栽植密度应适宜，雨后及时排水，注意降低田间湿度。

（3）发病初期开始喷洒 50% 多菌灵可湿性粉剂 800 倍液或 47% 加瑞农可湿性粉剂800～1 000倍液或 40% 杜邦新星（福星）乳油 9 000倍液，每亩喷对好的药液 60～65 升，隔 10 天左右 1 次，连续防治 2～3 次。采前 3 天停止用药。

三、茄子黄萎病

茄子黄萎病又称半边疯、黑心病、凋萎病，是为害茄子的重要病害。近年来，该病的发生呈逐年加重之势，一般年份发病率在 40% ~ 50%，严重年份发病率高达 70% 以上。茄子黄萎病的发生给广大茄农造成巨大损失。

1. 症状

病害多在门茄坐果后开始发生。植株半边下部叶片近叶柄的叶缘部及叶脉间发黄，渐渐发展为半边叶或整叶变黄，叶缘稍向上卷曲，有时病斑仅限于半边叶片，引起叶片卷曲。晴天高温，病株萎蔫，夜晚或阴雨天可恢复，病情急剧发展时，往往全叶黄萎，变褐枯死。症状由下向上逐渐发展，严重时全株叶片脱落，多数为全株发病，少数仍有部分无病健枝。病株矮小，株形不舒展，果小，长形果有时弯曲。纵切根茎部，可见到木质部维管束变色，呈黄褐色或棕褐色。

2. 病原

茄子黄萎病病菌为半知菌亚门真菌的大丽轮枝菌。

3. 发病规律

病菌主要从根部伤口入侵，也可从幼根皮层和根毛入侵，在植株维管束中繁殖。因此，重茬或连作栽培，土壤含菌量多，发病重。另外，温度也是影响病害发生的一个重要因素。一般气温 20 ~ 25℃ 有利于发病，从茄子定植到开花期，日平均气温低于 15℃ 的日数越多，发病越早越重。气温在 28℃ 以上，病害受到抑制。土质黏重、盐碱地、重茬连作、偏施氮肥、生粪烧根、定植伤根、栽植过稀、中午烈日下栽苗、土壤龟裂等发病重。特别是阴冷天浇水，易引起黄萎病暴发。

茄子黄萎病病菌以菌丝体、厚垣孢子和微菌核随病残体在土壤中或附在种子上越冬，成为第二年的初侵染源。病菌在土壤中可存活 6 ~ 8 年。病菌借风、雨、流水、人畜、农具传播发病，带病种子可将病害远距离传播。土壤中的病菌，从幼根侵入，在导管内大量繁殖，随体液传到全株，病菌产生毒素，破坏茄子的代谢作用，引起植株死亡。

4. 防治方法

（1）最有效的预防方法是用托鲁巴姆茄、CRP 作砧木进行嫁接换根。

（2）选择抗病品种。紫茄子品种比绿茄子品种抗病。

（3）进行种子消毒。播前用多菌灵浸种两小时或用 55℃ 恒温水浸种 15 分钟，冷却后催芽。

（4）培育适龄壮苗，加强管理，创造适合茄子生长发育适宜的环境条件。

（5）实行轮作，4～5 年不与茄类蔬菜连作。多施农家肥，土地要深翻。

（6）适时定植，多带土少伤根，栽苗不宜过深，定植后选晴天温度高时浇水，以免地温下降，加强田间管理。

（7）药剂防治。可在整地时每亩撒施 50% 多菌灵可湿性粉剂 3 千克，耙入土中。发病初期可用 50% 多菌灵可湿性粉剂 800 倍液或 70% 乙蒜素乳油灌根，每株灌药液 300 毫升，连灌 2 次。

四、茄子绵疫病

茄子绵疫病俗称烂果、水烂，是茄子重要病害之一，在各地普遍发生。茄子各生育期均可受害。一般损失 20%～30%，严重时 50% 以上，其结果盛期也是发病盛期，多雨地区和年份常暴发成灾，造成毁灭性损失。

1. 症状

主要为害果实，茎和叶片也易被侵害。在果实上初生水浸状圆形或近圆形、黄褐色至暗褐色稍凹陷病斑，边缘不明显，扩大后可蔓延至整个果面，果肉呈褐色腐烂。潮湿时斑面产生白色棉絮状霉层。病果落地或残留在枝上，失水变干后形成僵果。叶片病斑圆形，水渍状，有明显轮纹，潮湿时，边缘不明显，斑面产生稀疏的白霉（孢子囊及孢囊梗），干燥时，病斑边缘明显，不产生白霉。花湿腐，并向嫩茎蔓延，病斑褐色凹陷，其上部枝叶萎蔫下熏，潮湿时，花茎等病部产生白色棉状物。

2. 病原

此病由寄生疫霉菌和辣椒疫霉菌侵染所致，属半知菌亚门真菌。

3. 发病规律

发病最适温度30℃，空气相对湿度95%以上，菌丝体发育良好。此外，重茬地、地下水位高、排水不良、密植、通风不良，或保护地撤天幕后遇下雨，或天幕滴水，造成地面积水、潮湿，均易诱发本病。高温高湿、雨后暴晴、植株密度过大、通风透光差、地势低洼、土壤黏重时易发病。

病菌以卵孢子随病残组织在土壤中越冬。翌年卵孢子经雨水溅到茄子果实上，萌发长出芽管，芽管与茄子表面接触后产生附着器，从其底部生出侵入丝，穿透寄主表皮侵入，后病斑上产生孢子囊，萌发后形成游动孢子，借风雨传播，形成再侵染，秋后在病组织中形成卵孢子越冬。

4. 防治方法

（1）选用抗病品种。如兴城紫圆茄、贵州冬茄、通选1号、济南早小长茄、竹丝茄、辽茄3号、丰研11号、青选4号、老来黑等。

（2）加强管理。与非茄科、葫芦科作物实行2年以上轮作。选择高燥地块种植茄子，深翻土地。采用高畦栽培，覆盖地膜以阻挡土壤中病菌向地上部传播，促进根系发育。雨后及时排除积水。施足腐熟有机肥，预防高温高湿。增施磷、钾肥，促进植株健壮生长，提高植株抗性。及时整枝，适时采收，发现病果、病叶及时摘除，集中深埋。

（3）药剂防治。发病初期，可喷75%百菌清可湿性粉剂

500 倍液，或 58% 甲霜灵·锰锌可湿性粉剂 500 倍液，或 50% 安克锰锌可湿性粉剂 500 倍液。喷药要均匀周到，重点保护茄子果实。一般每隔 7 天左右喷 1 次，连喷 2～3 次。

五、茄子褐纹病

茄子褐轮纹病，别名茄灰心轮纹病，该病是影响茄子产量和品质的重要病害之一，苗期到果实采收期都可发病，常引起死苗、枯枝和果腐，其中以果腐损失最大。

1. 症状

本病从苗期到成熟期均可发生，因发病部位不同，可分为幼苗立枯、枝干溃疡、叶斑和果实腐烂等不同症状。幼苗受害，多在幼茎与土表接触处形成近菱形水渍状病斑，以后病斑逐渐变为褐色或黑褐色，稍凹陷并收缩。条件适宜时病斑迅速扩展环切茎部，导致幼苗猝倒。幼苗稍大时，则造成立枯症状，并在病部生有黑色小粒点。成株期受害，叶片、茎秆、果实均可发病。一般先从下部叶片发病，初期为苍白色水渍状小斑点，逐渐变褐色近圆形。后期病斑扩大后呈不规则形，边缘深褐色，中间灰色或灰白色，其上轮生许多小黑点。茎秆的任何部位均可发病，但以茎基部较多。初期为褐色水渍状纺锤状病斑，后扩大为边缘暗褐色中间灰白色凹陷的干腐状溃疡斑，其上生许多隆起的黑色小粒点。病部的韧皮部常干腐而纵裂，最后皮层脱落露出木质部，遇大风易折断。茎基部溃疡斑如环绕枝干一圈时，其上部随之枯死。果实症状常因品种不同而异，一般初生黄褐色或浅褐色圆形或椭圆形稍凹陷的病斑，后扩展变为黑色，常互相联合而造成整个果实腐烂。病斑逐渐扩大时常出现明显的同心轮纹。如在多雨或高湿的情况下扩展迅速，则不形成同心轮纹。在同心轮纹上后期密生隆起的黑色小粒点。病果腐烂后，常落地软腐或悬挂在枝上干成僵果。病果中的种子呈灰白色或灰色，皱瘪无光泽，种脐常变黑色。

2. 病原

本病由茄褐纹拟茎点霉侵染所致，属半知菌亚门拟茎点霉属真菌。

3. 发病规律

该病是高温、高湿性病害。田间气温 28～30℃，相对湿度高于 80%，持续时间比较长，连续阴雨，易发病。南方夏季高温多雨，极易引起病害流行；北方地区在夏秋季节，如遇多雨潮湿，也能引起病害流行。降雨期、降雨量和高湿条件是茄褐纹病能否流行的决定因素。

病原主要以菌丝体或分生孢子器在土表的病残体上越冬，同时也可以菌丝体潜伏在种皮内部或以分生孢子黏附在种子表面越冬。病菌的成熟分生孢子器在潮湿条件下可产生大量分生孢子，分生孢子萌发后可直接穿透寄主表皮侵入，也能通过伤口侵染。病苗及茎基溃疡上产生的分生孢子为当年再侵染的主要菌源，然后经反复多次的再侵染，造成叶片、茎秆的上部以及果实大量发病。分生孢子在田间主要通过风雨、昆虫以及人工操作传播。病菌可在 12 天内入侵寄主，其潜育期在幼苗期为 3～5 天，成株期则为 7 天。

4. 防治方法

（1）实行轮作。土壤中的病菌可存活 2～3 年，实行 3 年以上的轮作栽培，消除土壤病菌为害。

（2）选用无病种子和进行种子消毒，自留种应由无病株上采种。买来的种子应进行消毒处理，方法是用 55℃ 的温水浸种 15 分钟或 50℃ 的温水浸种 30 分钟，或用 300 倍的福尔马林药液浸种 15 分钟，以清水洗净后晾干播种。

（3）苗床药剂消毒。选择在新苗床育苗，棚室床土可进行客土更换，并进行土壤消毒处理。每平方米用50%多菌灵可湿性粉剂10克，或50%福美双可湿性粉剂8克，与20千克干细土均匀拌和，播种时一半药土铺底，一半药土盖种。

（4）加强栽培管理。精心管理苗床，培育壮苗移栽，提高其抗病能力；进行起垄栽培，施足底肥，氮、磷、钾配合施用；雨季及时清沟排水，防止田间积水，生育中后期实行小水勤灌，降低湿度；及时清除病叶、病果，防止再度侵染。

（5）药剂防治。发病初期，药剂选用70%代森锰锌可湿性粉剂或50%克菌丹可湿性粉剂或65%代森锌可湿性粉剂500倍液，或75%百菌清可湿性粉剂600倍液，一般7天左右喷1次，连喷2~3次。此外，在定植后干茎基部周围地面，撒一层草木灰，可减轻基部感染发病。

六、茄子早疫病

茄子早疫病可侵染叶、茎和果实。从苗期即可开始为害，主要为害叶片，造成早期落叶，果实产量受到影响，应及早防治。

1. 症状

主要为害叶片。病斑圆形或近圆形，边缘褐色，中部灰白色，具有同心轮纹，直径2~10毫米。湿度大时，病部长出微细的灰黑色霉状物，后期病斑中部脆裂，发病严重时病叶脱落。

2. 病原

该病菌称茄链格孢，属半知菌亚门真菌。

3. 发病规律

发病适温20~30℃，要求80%以上相对湿度。湿度是发病的主要条件。一般温暖多湿病重。管理粗放，底肥不足，生长衰弱，病重。

病菌以菌丝体随病残体在土壤表面越冬，种子也可带菌。病菌在田间借风雨传播。

4. 防治方法

（1）农业措施。清除病株残体，实行 3 年以上轮作。

（2）种子消毒。用 50℃温水浸种 30 分钟，或 55℃温水浸 15 分钟后，立即移入冷水中冷却，然后再催芽播种。

（3）药剂防治。发病初期喷 75% 百菌清可湿性粉剂 500 倍液，或 70% 代森锰锌可湿性粉剂 400 倍液，或 58% 甲霜灵可湿性粉剂 600 倍液，每 7 天 1 次，连喷 2~3 次。

七、茄子病毒病

茄子病毒病是茄子常见病害之一，露地、温室栽培均可发生，但以露地栽培发生较为普遍，对茄子生产造成较大为害。

1. 症状

病株顶部叶片明显变小、皱缩不展，呈淡绿色，有的呈斑驳花叶。老叶则呈暗绿色，叶面皱缩呈泡状突起，较正常叶细小、粗厚。有时病叶出现紫褐色坏死斑。病株结果性能差，多成畸形果。

2. 病原

病原为病毒，包括烟草花叶病毒（TMV）、黄瓜花叶病毒（CMV）、蚕豆萎蔫病毒（BBWV）、马铃薯 X 病毒（PVX）等，单独或复合侵染。病毒主要依靠桃蚜、豆蚜等传毒，也可借汁液传毒。高温干旱的天气和蚜虫发生量大，管理粗放，田间杂草丛生时较多发病。品种间抗病性差异尚缺少调查。

3. 发病规律

高温干旱、蚜虫量大、管理粗放、田间杂草多发病重。发病高峰出现在 6~8 月高温季节。

4. 传播途径

该病毒主要依靠桃蚜、豆蚜等传毒，也可借汁液传毒。

5. 防治方法

（1）根据栽培茬次选用抗病品种。

（2）及时避蚜、防蚜，田间可挂、铺银灰膜。

（3）整枝打杈等田间操作过程中要及时用10%磷酸三钠液清洗使用工具和手，防止汁液传播。

（4）加强肥水管理，清除田间地边杂草。

（5）喷药防治。喷施20%盐酸吗啉胍可湿性粉剂400～500倍液、抗毒剂1号300倍液、高锰酸钾1 000倍液。隔7～10天喷1次，连喷3次。

八、茄子菌核病

茄子菌核病是茄子常见的病害之一，各菜区均有发生。保护地、露地栽培均可发生，但保护地重于露地。多雨的年份发病重。发病严重时常造成茎、叶枯死，甚至整株枯死，直接影响产量。除为害茄子外，还为害番茄、甜（辣）椒、黄瓜、豇豆、蚕豆、豌豆、马铃薯、胡萝卜、菠菜、芹菜、甘蓝等多种蔬菜。

1. 症状

苗期发病始于茎基部，初呈浅褐色水渍状，湿度大时发病处长出白色棉絮状菌丝，使茄苗软腐而死。成株期叶片受害，初期呈水渍状，后变为褐色圆斑，潮湿时长出白色菌丝。花蕾、花瓣、花柄受害，先呈水渍状，后脱落。果实受害通常始于果面残留的花瓣处，初呈水渍状斑，后变黄褐色、腐烂，湿度大时长出白色菌丝体，后期形成菌核。茎部受害则主要发生在门茄果柄着生处附近或对茄所在侧枝上，多由开败的花或幼果上的病菌扩散所致，病部初呈水渍状且上下扩展，稍凹陷，后呈浅灰黄色，皮层腐烂，后期纵剖茎秆可见髓部有黑色鼠粪状菌核，植株自受害处向上枯死。

2. 病原

病原物为子囊菌亚门的真菌核盘菌。

3. 发病规律

病菌喜温暖潮湿的环境，发病最适宜的条件为温度 20 ~ 25℃，相对湿度 85% 以上。最适感病生育期为成株期至结果中后期。地势低洼、排水不良、种植过密、棚内通风透光差及多年连作等的田块发病重。年度间早春多雨或梅雨期间多雨的年份发病重。

病菌主要以菌核在土壤中及混杂在种子中越冬或越夏，在环境条件适宜时，菌核萌发产生子囊盘，子囊盘散放出的子囊孢子借气流传播蔓延，穿过寄主表皮角质层直接侵入，引起初次侵染。病菌通过病、健株间的接触，进行多次再侵染，加重为害。菌核存活适宜干燥的土壤，可成活 3 年以上，浸在水中约成活 1 个月。

4. 防治方法

（1）与禾本科作物实行 3 ~ 5 年轮作。

（2）及时深翻，覆盖地膜，防止菌核萌发出土。

（3）土壤消毒。25% 多菌灵可湿性粉剂，每平方米用 10 克，拌细干土 1 千克撒于土表；也可用 40% 福尔马林，每平方米用药 20 ~ 30 毫升加水 2.5 ~ 3 千克均匀地喷洒地面，充分拌匀后堆置，用潮湿的草帘或薄膜覆盖，闷 2 ~ 3 天，以充分杀灭其中的病菌，然后揭开覆盖物，把土壤摊开，晾 15 ~ 20 天。待药气散发后，再进行播种或定植。

（4）及时拔除中心病株。注意棚室通风换气，防止湿度过大。

（5）药剂防治。可喷雾用 50% 多菌灵可湿性粉剂 800 ~

1 000倍液；50%菌核净或农利灵可湿性粉剂1 500倍液。连用2～3次。

九、茄子枯萎病

茄子枯萎病是茄子的主要病害之一，随着保护地栽培面积的扩大，近年来有加重发病的趋势。茄子枯萎病不仅为害茄科蔬菜，还为害葫芦科、十字花科等多种蔬菜。

1. 症状

茄子枯萎病主要为害根茎部。苗期和成株期均可发生。苗期染病，开始子叶发黄，后逐渐萎垂干枯，茎基部变褐腐烂，易造成猝倒状枯死。成株期根茎染病，开始时植株叶片中午呈萎蔫下垂，早晚又恢复正常，叶色变淡，似缺水状，反复数天后，逐渐遍及整株叶片萎蔫下垂，叶片不再复原，最后全株枯死，横剖病茎，病部维管束变褐色。但另一为害症状为同一植株仅半边变黄，另一半为正常健株。

2. 病原

该病菌称尖镰孢菌茄专化型，属半知菌亚门真菌。

3. 发病规律

病菌喜温暖、潮湿的环境，发病最适宜的条件为土温24～28℃，土壤含水量20%～30%。浙江及长江中下游地区茄子枯萎病主要发病盛期在5～7月和9～10月。茄子的感病生育期为开花坐果期。多年连作、排水不良、雨后积水、酸性土壤、地下害虫为害重及栽培上偏施氮肥等的田块发病较重。年度间春、夏多雨的年份发病重；秋季多雨的年份秋季栽培的茄子发病重。

病菌以菌丝、厚垣孢子、菌核随病株残余组织遗留在田间、未腐熟的有机肥中或附着在种子、棚架上越冬，成为翌年初侵染源。病菌通过雨水、灌溉水和农田操作等传播进行再侵染。条件适宜时，厚垣孢子萌发的芽管从根部伤口、自然裂口或根冠侵入，也可从茎基部的裂口侵入。

4. 防治方法

（1）实行 3 年以上轮作，施用充分腐熟的有机肥，采用配方施肥技术，适当增施钾肥，提高植株抗病力。

（2）选用耐病品种。

（3）新土育苗或床土消毒。用 50% 多菌灵可湿性粉剂 8 ~ 10 克，加土拌匀，先将 1/3 药土撒在畦面上，然后播种，再把其余药土覆在种子上。

（4）种子消毒。用 0.1% 硫酸铜浸种 5 分钟，洗净后催芽，播种。

（5）发病初期喷洒 50% 多菌灵可湿性粉剂或 70% 甲基琉菌灵悬浮剂 500 倍液，此外可用 10% 双效灵水剂或 12.5% 增效多菌灵浓可溶剂 200 倍液灌根，每株灌对好的药液 100 毫升，隔 7 ~ 10 天 1 次，连续灌 3 ~ 4 次。

十、茶黄螨

茶黄螨主要为害茄果类、瓜类、豆类及苋菜、芥蓝、西芹、蕹菜、落葵、茼蒿、樱桃萝卜、白菜等名特优稀蔬菜。一般减产 10% ~ 30%，严重时可达 80% ~ 100%。

1. 学名

Polyphagotarsonemus latus（Banks），属蜱螨目跗线螨科。

2. 别名

侧多食跗线螨、黄茶螨、嫩叶螨、白蜘蛛等。

3. 为害特点

成、幼螨集中在寄主幼嫩部位刺吸汁液，尤其是尚未展开的芽、叶和花器。被害叶片增厚僵直，变小变窄，叶背呈黄褐色或灰褐色，带油状光泽，叶缘向背面卷曲，变硬发脆。幼茎受害后呈黄褐色至灰褐色，扭曲，节间缩短，严重时顶部枯死，形成秃顶。花器受害，花蕾畸形，严重时不能开花。幼果或嫩荚受害，被害处停止生长，表皮呈黄褐色，粗糙，果实僵硬，膨大后表皮龟裂，种子裸露，味苦不能食用，果柄和萼片呈灰褐色。

4. 发生规律

南方茶黄螨年发生 25～30 代，有世代重叠现象。成螨在土缝、蔬菜及杂草根际越冬，温暖地区和有温室的菜区茶黄螨可终年发生。螨靠爬行、风力和人、工具及菜苗传播扩散蔓延，开始发生时有明显点片阶段。4～5 月间螨数量较少，6～10 月上旬大量发生。保护地内立冬后至 12 月中旬数量显著下降。北京、天津地区茶黄螨在露地不能越冬，主要在加温温室和日光温室及苗棚内继续繁殖为害，春季通过菜苗移栽传播。5 月上中旬，大棚蔬菜可见到明显的被害状，5 月底至 6 月初可出现严重受害田块。一般 7～9 月为盛发期，10 月以后随气温下降数量随之减少。茶黄螨繁殖快，喜温暖潮湿，要求温度更严格，15～30℃发育繁殖正常，25℃时完成 1 代，平均历期 12.8 天，数量增长 31 倍，30℃时历期为 10.5 天，数量增长 13.5 倍。35℃以上卵孵化率降低，幼螨和成螨死亡率极高，雌螨生育力显著下降。成螨对湿度要求不严格，相对湿度 40% 仍可正常生殖。适于卵孵化和幼螨生长发育需 80% 以上相对湿度，低于 80% 则大量死亡。保护地温暖潮湿对茶黄螨生长发育和繁殖有利，因而冬季温室生产喜温名特优稀蔬菜仍可发生为害，但保护地以秋棚为害严重。成螨十分活跃，且雄螨背负雌螨向植株幼嫩部转移。1 头雌螨可产卵百余粒，卵多产在嫩叶背面、果实凹陷处及嫩芽上，卵期 2～3 天。雌雄以两性生殖为主，其后代雌螨多于雄螨。也可营孤雌生殖，但卵的孵化率低，后代为雄性。

5. 防治方法

（1）搞好冬季苗房和生产温室的防治工作，铲除棚、室周围的杂草，收获后及时彻底清除枯枝落叶，消灭越冬虫源。

（2）培育无虫苗。移栽前用药剂对菜苗全面防治。

（3）药剂防治。由于茶黄螨虫体极小，不易发现，早期调查需根据被害植株进行判断。保护地蔬菜在定植缓苗后要加强调查，发现个别植株出现受害症状时及时挑治，防止进一步扩展蔓延。春秋茶黄螨盛发期需间隔 7～10 天定期施药防治。喷药重点主要是植株上部嫩叶、嫩茎、花器和嫩果，并注意轮换用药。可选用 1.8% 虫螨克乳油 4 000～5 000 倍液或 5% 尼索朗乳油 1 500～2 000 倍液，或 25% 倍乐霸可湿性粉剂 1 000～1 500 倍液，或 50% 阿波罗悬浮剂 2 000～4 000 倍液，或 5% 卡死克乳油 1 000～1 500 倍液，或 20% 速螨酮可湿性粉剂 3 000～4 000 倍液喷雾防治。

第七章　辣椒主要病虫害及防治技术

一、辣椒病毒病

辣椒病毒病在全国各地普遍发生，为害极为严重，轻者减产20%～30%，严重时损失50%～60%，是甜（辣）椒栽培中的重要病害。

1. 症状

主要为害叶片和枝条，常见有花叶、黄化、坏死和畸形4种症状。

（1）花叶型。顶部嫩叶叶片皱缩，出现凹凸不平的花斑。发病初期，嫩叶叶脉呈明脉。

（2）黄化型。整株叶片褪绿呈金黄色，落叶早、早衰。

（3）坏死型。花、蕾、嫩叶变黑枯死脱落，顶枯。茎秆上出现褐色坏死条斑；叶片果实上出现黑褐色大型环纹，果实顶端变黄。

（4）畸型。叶片细长，叶脉上冲呈蔽叶状；植株矮化，茎节缩短、僵果，叶片暗绿色。植株矮小，枝条多，呈丛枝状，结果少。

大田生产中以花叶型发生较多，多数情况下几种类型混合发生。

2. 病原

甜（辣）椒病毒病的毒源世界各地报道的有10多种，我国已发现7种，包括黄瓜花叶病毒（CMV），占55%；烟草花叶病毒（TMV），占 26%；马铃薯 Y 病毒（PVY），占 13%；烟草蚀纹病毒（TEV），占 11.8%；马铃薯 X 病毒（PVX），占 10.4%；苜蓿花叶病毒（AMV），占 2%；蚕豆萎蔫病毒（BBWV），占 1.4%。其中，CMV 可划分为 4 个株系，即重花叶株系、坏死株系、轻花叶株系及带状株系。此外，吉林省还鉴定出当地主要毒源是 CMV、TMV，PVY 等；广东鉴定出 PVY、CMV、TMV；辽宁鉴定出 TMV、CMV、TEV、PVY 等，可见我国各地毒源不尽相同。

3. 发病规律

辣椒病毒病的发生与环境条件关系密切。特别是遇高温干旱天气，不仅可促进蚜虫传毒，还会降低辣椒的抗病能力，黄瓜花叶病毒为害重。田间农事操作粗放，病株、健株混合管理，烟草花叶病毒为害就重。阳光强烈，病毒病发生随之严重。大棚内光照比露地弱，蚜虫少于露地，病毒病较露地发生轻。但中后期撤除棚膜以后，病毒病迅速发展。此外，春季露地辣椒定植晚，与茄科作物连作，地势低洼及辣椒缺水、缺肥，植株生长不良时，病害容易流行。

黄瓜花叶病毒寄生范围很广泛，主要由蚜虫传播，这类病毒可在多年生宿根植物上越冬。春季，带毒宿根植物发芽，蚜虫取食这些植物便可带毒，然后迁飞到辣椒上取食而引起辣椒发病。烟草花叶病毒是一种毒力很强的植物病毒，其寄主范围比黄瓜花叶病毒更加广泛，可以在各种植物上越冬，种子也可带毒，在干燥的病组织内可存活 30 年以上。烟草花叶病毒通过汁液接触传染，田间农事操作过程中，人和农具与病、健植株接触传染是引起该病流行的重要因素。带毒卷烟、种子及土壤中带毒寄主的病残体可成为该病的初侵染源。春季以烟草花叶病毒为害为主，夏、秋季以黄瓜花叶病毒为害为主。

4. 防治方法

（1）选用抗病品种。羊角形或牛角形品种比灯笼形品种抗病。

（2）种子消毒。一般要用 10% 磷酸三钠溶液浸泡种子 20 分钟，然后再催芽、播种。

（3）培育无病壮苗。使用营养钵育苗。在 2 年以上未种过茄果类蔬菜的地块建苗床，用大田净土作苗床土，有条件者可进行无土育苗。分苗和定植前，分别喷洒 1 次 0.1%～0.3% 硫酸锌溶液，防治病毒病。育苗期间注意防治蚜虫，防止蚜虫传毒为害。

（4）加强田间管理。最好与大田作物实行 2～3 年轮作。深耕深翻，施优质腐熟有机肥作基肥，还要及时追肥，提高植株抗病能力。采用高畦、双行密植法，覆盖地膜，以促进辣椒根系发育。夏季高温干旱，傍晚浇水，降低地温。雨季及时排水，防止地面积水，以保护根系。注意防治蚜虫。避免农事操作传毒，在进行整枝、绑蔓、喷花等农事操作时，对病、健株分开操作，避免传毒。

（5）药剂防治。发病初期喷洒 20% 盐酸吗啉胍可湿性粉剂 500 倍液，或 1.5% 植病灵乳剂 1 000 倍液，或抗毒剂 1 号 200～300 倍液等药剂。

二、辣椒疮痂病

辣椒疮痂病又称细菌性斑点病，属细菌性病害，常造成辣椒大量落叶，严重影响辣椒生产。

1. 症状

此病发生在幼苗、叶、茎和果实等部位，尤其在叶片上发生普遍。幼苗发病，子叶上生银白色小斑点，呈水渍状，后变为暗色凹陷病斑。幼苗受侵常引起落叶，植株死亡。成株上叶片发病初期呈水渍状黄绿色的小斑点，后扩大变成圆形或不规则形，边缘暗褐色且稍隆起，中部颜色较淡稍凹陷，表皮粗糙的疮痂状病斑。病斑常连在一起，所以在叶片上有的仅具有几个大病斑，直径达 6 毫米。如叶片上病斑多时则病斑较小，此时植株受害最重。受害重的叶片，叶缘、叶尖常变黄干枯、破裂，最后脱落；如病斑沿叶脉发生时，常使叶片变为畸形。茎上初生水渍状不规则的条斑，后木栓化隆起，纵裂呈溃疡状痂斑。叶柄和果梗上病斑大体与茎上病斑相似。果实上初生黑色或褐色隆起的小点，或为一种具有狭窄水渍状边缘的疱疹，逐渐扩大 1～3 毫米，隆起的圆形或长圆形的黑色疮痂斑。病斑边缘有裂口，开始时并有水渍状晕环，潮湿时疮痂中间有菌液溢出。

2. 病原

本病由黄单胞杆菌属细菌侵染引起。

3. 发病规律

病菌发育最低温度为 5℃，最适温度 27～30℃，最高 40℃。59℃经 10 分钟致死。多发生于 7～8 月高温多雨的季节，在暴风雨后由于伤口的增加，也有利于细菌的传播和侵染，病害发生严重。在长期高温多湿的条件下，叶片上的病斑不形成疮痂状而迅速扩展为叶缘焦枯斑或叶片上形成多个小斑点而大量脱落。本病的潜育期随温度下降而延长。

病原细菌主要在种子表面越冬，为病害的初次侵染来源，也可以借带菌种子作远距离传播。病菌又可随病株残体在田间越冬，有资料证明病组织中的细菌在消毒土壤中可存活 9 个月之久。病菌接触叶后从气孔侵入，在细胞间隙进行繁殖发育，故使表皮细胞层增高，所以病斑边缘常稍隆起。又由于寄主细胞被分解，造成孔穴而凹陷，孔穴中充满了细菌，溢出以后成为菌脓。病原细菌借雨水反溅或昆虫作近距离传播。

4. 防治方法

（1）选用抗病品种。重病区可考虑选栽较抗病的品种，一般甜椒比较易感病。

（2）种子消毒。其方法除温水浸种和硫酸铜液处理种子外，还可用 1 : 10 的链霉素液浸种 30 分钟。

（3）实行 2～3 年轮作，结合深耕，以促使病残体腐解，加速病菌死亡。避免与番茄轮作。定植后注意松土、追肥，促进根系发育，雨季时注意排水。

（4）药剂防治。发病初期及时用 20% 叶枯唑可湿性粉剂 800 倍液或 65% 代森锌可湿性粉剂 600 倍液，每 7～10 天喷 1 次，共喷 2～3 次。

三、辣椒疫病

辣椒疫病是近几年来日趋严重的一种病害，全国各地普遍发生，病重地块常导致植株萎蔫，病果腐烂，成片死亡，给生产带来严重的损失。一般发病率 10%～20%，最高 80% 以上，产量损失较大。本病的特点是发病快，蔓延迅速，病程期短，防治困难，毁灭性大，是我国近年辣椒生产上较突出的问题。

1. 症状

根、茎、叶果实均可受害。幼苗染病，茎基部呈水浸状腐烂，很快死亡。成株受侵也多从茎基部开始，病斑水浸状暗绿色，后成为褐色，稍凹陷，表皮下的皮层部变暗褐色。茎的任何部位都可感染，病斑常常绕茎扩展，上部组织急速萎蔫死亡。叶片薄纸状，浅棕色，开裂和脱落；高湿时，病斑表面生白霉。茎部病菌可通过果梗进入果实，形成暗绿色、水浸状病斑，上生白霉，病果软腐后，变褐色，干缩挂在枝上。

2. 病原

辣椒疫病的病原是辣椒疫霉菌，属于鞭毛菌的真菌。辣椒疫霉菌的寄主范围较广，除辣椒外还能寄生番茄、茄子和一些瓜类作物。

3. 发病规律

病菌生长发育适温 30℃，最高 38℃，最低 8℃，田间 25 ~ 30℃，相对湿度高于 85% 发病重。一般雨季，或大雨后天气突然转晴，气温急剧上升，病害易流行。土壤湿度 95% 以上，持续 4 ~ 6 小时，病菌即完成侵染，2 ~ 3 天就可发生 1 代，因此成为发病周期短流行速度迅猛异常的毁灭性病害。易积水的菜地，定植过密，通风透光不良发病重。

病菌主要以卵孢子、厚垣孢子在病残体或土壤及种子上越冬，其中，土壤中病残体带菌率高，是主要初侵染源。条件适宜时，越冬后的病菌经雨水飞溅或灌溉水传到茎基部或近地面果实上，引起发病。重复侵染主要来自病部产生的孢子囊，借雨水传播为害。

4. 防治方法

（1）选用抗病品种。

（2）实行轮作。辣椒与十字花科、豆科或葱、蒜类蔬菜轮作 3 年以上。

（3）加强管理。利用无病土育苗，高垄栽培，覆盖地膜，防止田间积水，及时清除杂草和病株。

（4）化学防治。发病初期可选用 58% 甲霜灵锰锌可湿性粉剂 500 倍液，64% 毒矾可湿性粉剂 800 倍液、72.2% 普力克水剂 500 倍液等药剂喷雾防治。隔 7 ~ 10 天 1 次，连续 2 ~ 3 次。

四、辣椒炭疽病

炭疽病是辣椒常见四大病害（病毒病、疫病、细菌性斑点病、炭疽病）之一，在高温季节，炭疽病最容易发生。高温季节，果实受灼伤，极易并发炭疽病，使果实完全失去商品价值。

1. 症状

辣（甜）椒炭疽病主要为害果实和叶片，也可侵染茎部。叶片染病，初呈水浸状褪色绿斑，后逐渐变为褐色。病斑近圆形，中间灰白色，上有轮生黑色小点粒，病斑扩大后呈不规则形，有同心轮纹，叶片易脱落。果实染病，初呈水渍状黄褐色病斑，扩大后呈长圆形或不规则形，病斑凹陷，上有同心轮纹，边缘红褐色，中间灰褐色，轮生黑色点粒，潮湿时，病斑上产生红色黏状物，干燥时呈膜状，易破裂。

2. 病原

（1）黑色炭疽病。病原菌为胶孢炭疽菌，异名：黑刺盘孢菌。

（2）红色炭疽病。病原菌为胶孢炭疽菌，异名：辣椒盘长孢菌。

（3）黑点炭疽病。病原菌为辣椒炭疽菌，异名：辣椒丛刺盘孢菌。

3. 发病规律

本病发生与温、湿度有密切的关系，一般温暖多雨有利于炭疽病的发生和发展。炭疽病菌发育温度为 12～33℃，最适温度为 27℃，相对湿度为 95% 左右，低于 70% 的湿度不适其发育。品种间抗病性是有差异的，甜椒最易感病，杭州鸡爪椒较抗病，成熟果或地成熟果容易受害，幼果很少发病。田间排水不育、种植过密、施肥不足或氮肥过多及各种引起果实受损伤的因素，都会加重炭疽病的发生。

炭疽病菌以分生孢子附着在种子表面或以菌丝潜伏在种子内越冬。也可以菌丝体、分生孢子特别是分生孢子盘在病株残体上遗留在土壤中越冬，成为第二年的初侵染来源。发病后病斑上产生新的分生孢子，通过雨水、昆虫等媒介物的传播进行再次侵染。孢子萌发后，其芽管多由伤口侵入，而红色炭疽病菌还可以从寄主表皮直接侵入。

4. 防治方法

（1）选用抗病品种。各地可根据具体情况选用抗病品种，一般辣味强的品种较抗病，如杭州鸡爪椒。甜椒品种中，如长丰、茄椒1号、铁皮青等较抗病。

（2）选用无病种子及种子消毒。建立无病留种田或从无病果留种。若种子带菌，播前用55℃温水浸种10分钟或用50℃温水浸种30分钟消毒处理。取出后冷水冷却，催芽播种。也可冷水浸种10~12小时，再用1%硫酸铜溶液浸5分钟，捞出后用少量草木灰或生石灰中和酸性，即可播种。

（3）轮作和加强栽培管理。发病严重地块要与茄科和豆科蔬菜实行2~3年以上轮作。应在施足有机肥的基础上配施氮、磷、钾肥；避免栽植过密和地势低洼地种植；营养钵育苗，培育适龄壮苗；预防果实日灼；清除田间病残体，减少病菌侵染源。

（4）药剂防治。发病初期或果实着色开始喷药，有效药剂有50%施保功乳油1 000倍液、80%大生M-45可湿性粉剂600倍液、75%达克宁可湿性粉剂600倍液、65%代森锌可湿性粉剂500倍液等，隔7~10天1次，连喷2~3次。

五、辣椒灰霉病

辣椒灰霉病在保护地普遍发生。一般发病率在5%~10%，辣椒灰霉病菌除为害辣椒以外，也为害黄瓜、西葫芦、茄子、菜豆、莴苣、番茄、白菜、甘蓝、落葵、草莓、葱等多种作物。

1. 症状

灰霉病可为害辣椒幼苗及成株的叶、茎、花、果实等部位。幼苗发病，子叶先端变黄，水渍状皱缩，向心叶发展，直达幼茎，使茎缢缩变细，整株幼苗很快折断而枯死，也可直接侵染下胚轴，迅速扩展到整个幼茎，植株呈黄褐色倒伏。叶片发病，病斑从叶缘向内呈"V"字形扩展，或在叶面上形成圆形或梭形病斑，初呈水渍状，后转浅褐色或黄褐色，有的病斑上有浅轮纹。病叶易干枯，湿度大时可产生浅灰色霉层。成株的茎部发病，初呈水渍状，不规则形病斑，后变灰白色或褐色，病斑绕茎一周，其上部枝叶萎蔫枯死。花器染病，花瓣上产生褐色或黄褐色斑点，病斑可相连。果实发病多从果蒂处开始，病部果皮呈灰白色水渍状软腐，病斑很快扩展至全果。发病后，在病部均可产生灰白色或灰褐色霉层，病果内或果皮表面可形成黑色粒状菌核。

2. 病原

该病菌称灰葡萄孢，属半知菌亚门真菌。有性世代为富克尔核盘菌，属子囊菌亚门真菌。

3. 发病规律

灰霉病病菌发生的适温20～23℃，大棚栽培在12月至翌年5月为害，冬春低温，多阴雨天气，棚内相对湿度90%以上，灰霉病发生早且病情严重，排水不良、偏施氮肥田块易发病。

主要以菌核在土壤中或以菌丝体及分生孢子在病残体上越冬，成为次年的初侵染源。病组织上产生分生孢子随气流、浇水、农事操作等传播蔓延，形成再侵染。田间农事操作传病途径之一。病果采摘后，随意扔弃，或摘下的病枝病叶未及时带出田间或大棚，最易使孢子飞散传播为害。

4. 防治方法

（1）选用抗灰霉病的甜（辣）椒品种。

（2）加强苗期管理，冬春大棚要注意通风，浇水安排在晴天上午进行，适当控制浇水量，切忌浇水过量。

（3）发现病苗及时拔除减少菌源，并及时喷洒 50% 异菌脲可湿性粉剂 1 500~2 000 倍液或 50% 嘧霉胺可湿性粉剂 1 500 倍液，隔 7~10 天 1 次，连续防治 2~3 次。

六、辣椒菌核病

辣椒菌核病是由真菌引起的，可以为害幼苗、茎部、叶片和果实等，是冬春保护地栽培中的毁灭性病害。

1. 症状

苗期染病茎基部初呈水渍状浅褐色斑，后变棕褐色，迅速绕茎一周，湿度大时长出白色棉絮状菌丝或软腐，但不产生臭味，干燥后呈灰白色，病苗呈立枯状死亡；成株染病主要发生在距地面 5~22 厘米处茎部或茎分权处，病斑绕茎一周后向上下扩展，湿度大时，病部表面生有白色棉絮状菌丝体，后茎部皮层霉烂，髓部解体成碎屑，病茎表面或髓部形成黑色菌核。菌核呈鼠粪状，圆形或不规则形。干燥时，植株表皮破裂，纤维束外露似麻状，个别出现长 4~13 厘米灰褐色轮纹斑。花、叶、果柄染病亦呈水渍状软腐致叶片脱落；果实染病，果面先变褐色，呈水渍状腐烂，逐渐向全果扩展，有的先从脐部开始向果蒂扩展至整果腐烂，表面长出白色菌丝体，后形成黑色不规则菌核。

2. 病原

病原物为子囊菌亚门的真菌核盘菌。

3. 发病规律

本病在温度 20℃ 左右和相对湿度在 85% 以上的环境条件下，

病害严重，反之，湿度在 70% 以下，发病轻。早春和晚秋多雨，易引起病害流行。

　　病菌主要以菌核在土中或混杂在种子中越冬和越夏。萌发时，产生子囊盘及子囊孢子。在华中地区，菌核萌发一年发生两次，第一次在 2 ~ 4 月，第二次为 11 ~ 12 月。萌发时，产生具有柄的子囊盘，子囊盘初为乳白色小芽，随后逐渐展开呈盘状，颜色由淡褐色变为暗褐色。子囊盘表面为子实层，由子囊和杂生其间的侧丝组成。每个子囊内含有 8 个子囊孢子。子囊孢子成熟后，从子囊顶端逸出，借气流传播，先侵染衰老叶片和残留在花器上或落在叶片上的花瓣后，再进一步侵染健壮的叶片和茎。病部产生白色菌丝体，通过接触，进行再侵染。发病后期在菌丝部位形成菌核。

4. 防治方法

　　（1）与禾本科作物实行 3 ~ 5 年轮作。

　　（2）及时深翻，覆盖地膜，防止菌核萌发出土。对已出土的子囊盘要及时铲除，严防蔓延。

　　（3）进行土壤消毒。用 25% 多菌灵可湿性粉剂或 40% 五氯硝基苯，每平方米 10 克，拌细干土 1 千克，撒在土表，或耙入土中，然后播种或定植。

　　（4）药剂拌种或温汤浸种。按种子重量 0.4% ~ 0.5% 加入 50% 异菌脲可湿性粉剂，浸种 30 分钟，此外对带菌种子也可用 52℃ 温水烫种 30 分钟，把菌核烫死，后移入冷水中冷却。

　　（5）生态防治。控制塑料大棚温湿度，及时放风排湿，尤其要防止夜间棚内湿度迅速升高或结露时间增长，是防治本病的关键。注意控制浇水量，浇水时间改在上午，以降低棚内湿度；尤其是在气温较低时，特别春季寒流侵袭前，要及时覆膜，或在棚室四周盖草帘，防止植株受冻。

　　（6）发病后可选用 50% 乙扑可湿性粉剂 800 倍液，隔 10 天左右 1 次，连续防治 2 ~ 3 次。

（7）棚室也可选用 10% 速克灵烟剂或 45% 百菌清烟剂，每亩次 200 ~ 250 克熏治，隔 10 天左右 1 次，连续防治 2 ~ 3 次。

七、辣椒叶斑病

由于保护地辣椒种植面积的不断扩大和对这一病害的认识不够，使近年来辣椒叶斑病的发生日趋严重，已成为保护地辣椒栽培的又一主要病害。

1. 症状

主要为害叶片。叶斑出现在叶的正背两面，近圆形至长圆形或不规则形，直径 2 ~ 12 毫米，叶面病斑浅褐色至黄褐色，湿度大时，叶背对应部位生有致密灰黑色至近黑色绒状物，病斑正、背两面均围以暗褐色细线圈，有的在外围还生浅黄色晕圈。

2. 病原

该病菌称辣椒色链隔孢或辣椒褐柱孢，属半知菌亚门真菌。

3. 发病规律

高温高湿持续时间长，有利于该病扩展。施用未腐熟厩肥或旧苗床育苗，气温回升后苗床不能及时通风，温湿度过高，利于病害发生。田间管理不当，偏施氮肥，植株前期生长过盛，或田间积水易发病。

以菌丝体或分生孢子丛随病残体遗落土中或以分生孢子粘附种子上越冬，以分生孢子进行初侵染和再侵染，借气流传播。该病在南方无明显越冬期，全年辗转传播蔓延。黄河流域 4 月上、中旬叶片上病斑增多，引起苗期落叶，成株期在 6 月上旬出现中心病株，随着雨水增多，病害迅速发展，6 月中、下旬进入高峰期，如遇阴雨连绵，造成严重落叶，病菌随风雨在田间传播为害。

4. 防治方法

（1）加强苗床管理，用腐熟厩肥作底肥，及时通风，控制苗床温湿度，培育无病壮苗。

（2）实行轮作，及时清除病残体。

（3）加强田间管理，合理使用氮肥，增施磷、钾肥，或施用喷施宝、植宝素、爱多收等；定植后及时松土、追肥，雨季及时排水。

（4）发病初期开始喷洒64%恶霜锰锌可湿性粉剂500倍液、50%甲霜铜可湿性粉剂600倍液、50%多·硫悬浮剂600倍液、甲基硫菌灵可湿性粉剂500倍液、58%甲霜灵·锰锌可湿性粉剂500倍液等药剂，隔10~15天1次，连喷2~3次。

八、辣椒白星病

辣椒白星病是辣椒上常见的病害之一，又称斑点病、白斑病。辣椒整个生长期均可发病，受害严重时可造成大量叶片脱落导致减产。

1. 症状

主要为害叶片，苗期、成株期均可发病。病斑初期表现为圆形或近圆形边缘呈深褐色的小斑点，稍隆起，中央白色或灰白色。后期病斑上散生黑色小点，即病菌分生孢子器，有时病斑穿孔，发病严重时叶片脱落。

2. 病原

该病菌称辣椒色链隔孢或辣椒褐柱孢，属半知菌亚门真菌。

3. 发病原因

气温25~28℃，相对湿度高于85%，易发病。叶面有水滴对该病发生特别重要，利于病菌从分生孢子器中涌出，且分生孢子萌发及侵入均需有水滴存在。生产上雨日多，植株生长衰弱发病重。此病在高温、高湿条件下易发生。

病菌以分生孢子器随病株残余组织遗留在田间或潜伏在种子上越冬。在环境条件适宜时，分生孢子器吸水后逸出分生孢子，通过雨水反溅或气流传播至寄主植物上，从寄主叶片表皮直接侵入，引起初次侵染。病菌先侵染下部叶片，逐渐向上部叶片发展，经潜育出现病斑后，在受害部位产生新生代分生孢子，借风雨传播进行多次再侵染，加重为害。

4. 防治方法

（1）实行 2～3 年轮作。

（2）采收后及时清除病残叶，集中烧毁。

（3）发病初期可以选用 50% 嘧菌酯水分散粒剂 4 000～6 000 倍液或 50% 甲基硫菌灵悬浮剂 500～800 倍液或 25% 啶氧菌酯悬浮剂 1 000 倍液 +65% 代森锌可湿性粉剂 600 倍液或 50% 异菌脲悬浮剂 1 000 倍液，对水均匀喷雾防治，视病情每 7～10 天 1 次。

九、辣椒早疫病

早疫病又称轮纹病，在辣椒的苗期和成株期均可发生，多发生在辣椒 3～5 叶期，常因田间温度和湿度不适及管理不善引起。

1. 症状

该病主要为害叶片、茎秆和果实。在发病初期，叶片上出现褐色或黑褐色圆形或椭圆形小病斑，逐渐扩大到 4～6 毫米，一般在病斑边缘具有浅绿色或黄色晕环，中部有同心轮纹。茎秆在发病时，一般在分叉处产生褐色或深褐色的不规则圆形或椭圆形病斑，表面有灰黑色霉状物。果实在发病时，病斑多在花萼附近，明显凹陷。发病后期，果实开裂，病部变硬；在潮湿条件下，病部着生黑色霉层。在苗期发病时，一般是在老叶尖或顶芽产生暗褐色水渍状病斑，引起叶尖、顶芽腐烂，形成无顶苗。在后期，病苗上可见墨绿色霉层。

2. 病原

该病菌称茄链格孢，属半知菌亚门真菌。

3. 发病规律

影响早疫病发生程度的主要因素是土壤湿度、光照及管理水平。秧苗定植过迟、过密、湿度过大、通风透光不良等都易引发病害。

由半知菌亚门链格孢属茄链格孢菌侵染所致的真菌性病害。该病以菌丝体及分生孢子随病残体在田间或种子上越冬。第2年产生新的分生孢子，借助风、雨水、昆虫等传播。病菌从气孔或伤口侵入，也可从表皮直接侵入，潜育期3～4天，病部产生大量分生孢子进行再侵染。

4. 防治方法

（1）选用抗病的优良品种，如辣优4号、辣优9号、粤椒3号、湘研9号、渝椒5号等。

（2）种子消毒。用55℃的温水烫种15分钟，即可达到消毒目的。

（3）合理管理。避免苗床内湿度过大，苗床浇水后应及时通风降湿。大田种植要合理轮作，高畦种植，合理密植，注意开沟排水，适时整枝，以有利于田间通风，降低湿度，防止发病和控制病害蔓延。

（4）药剂防治。在发病初期，用75%百菌清可湿性粉剂600倍液，或50%异菌脲可湿性粉剂1 000倍液等，交替使用，每隔7～10天1次，连续喷2～3次。

十、桃　蚜

主要为害辣椒、番茄、茄子、马铃薯、菠菜、瓜类及甘蓝、白菜等十字花科蔬菜，是蔬菜生产中极重要的蚜虫类害虫之一，常与萝卜蚜及甘蓝蚜、棉蚜等混发。

1. 学名

Myzus persicae（Sulzer），同翅目蚜科。

2. 别名

菜蚜、桃赤蚜、烟蚜、腻虫、油汗、蜜虫等。

3. 为害特点

桃蚜聚集在叶背刺吸汁液，分泌蜜露污染蔬菜。受害叶片黄化、卷缩，甚至枯萎。留种萝卜、白菜、甘蓝发育不正常，不能抽薹开花，降低产量和品质。此外，还能传播病毒病，其为害远远大于蚜害本身。

4. 发生规律

华北地区一年发生10余代，黄淮海地区20代，南方可达30～40代。世代重叠严重，具有季节性寄主转移习性。华北地区多以两性蚜在桃树上产卵越冬。第二年春天气温回升变暖后产生有翅蚜，4月底至5月初迁飞到蔬菜上。无翅胎生雌蚜在风障菠菜、窖藏白菜或温室内越冬，来年3～4月以有翅蚜先后转移到菜田为害，是春菜的主要蚜源。还有的在冬春保护地菜苗上越冬，随着移栽而迁移到露地。当温度为20～28℃时，约7天可完成1个世代。温度高于28℃和低于6℃都不利于发育和繁殖，所以桃蚜的为害期一般在春末、夏初和秋季，而南方可直到冬季。

蚜虫对黄色和橙色有强烈的趋向性，忌银灰色。无翅蚜爬行可进行近距离传播，远距离传播主要靠有翅蚜迁飞。蚜虫每年有两次繁殖高峰：早春由于虫源少，气温低，蚜虫繁殖较慢，随气温上升，到 4 ~ 5 月，蚜虫量激增，形成第一个高峰。夏季高温多雨，天敌捕食，对繁殖不利，同时该季节十字花科蔬菜种类较少，食料缺乏，使蚜虫群体增长受到抑制。秋季十字花科蔬菜面积大，气候凉爽，蚜虫再度大量繁殖，至 9 ~ 10 月形成第二个繁殖高峰。

5. 防治方法

（1）农业防治。有条件的地区，在菜田内间作种植玉米等高秆作物，阻挡蚜虫的迁飞扩散。

（2）物理防治。银灰色薄膜避蚜苗床四周铺 17 厘米宽银灰色薄膜，苗床上方每隔 60 ~ 100 厘米拉 3 ~ 6 厘米宽银灰色薄膜网格，避蚜防传病毒效果好。夏季可不种或少种十字花科蔬菜，以切断或减少秋菜的蚜源和毒源。

（3）生物防治。保护地可在桃蚜发生初期释放蚜茧蜂。

（4）化学防治。在田间蚜虫点片发生阶段要重视早期防治，可选用的药剂有 70% 艾美乐水分散剂 20 000 ~ 25 000 倍液（每亩用药量 2 克）、20% 康福多浓可溶剂 7 000 ~ 8 000 倍液（每亩用药量 12 ~ 15 克）、12.5% 必林可溶剂 3 000 倍液（每亩用药量 30 克），以上药剂用药间隔期 15 ~ 25 天；10% 高效氯氰菊酯乳油 2 000 倍液（每亩用药量 50 克）、20% 莫比朗乳油 5 000 倍液（每亩用药量 20 克）、2.5% 功夫菊酯乳油 2 500 倍液（每亩用药量 40 克）、0.36% 苦参碱水剂 500 倍液（每亩用药量 200 克）等，喷雾防治，连续用药 2 ~ 3 次，用药间隔期 10 ~ 15 天。

十一、烟青虫

烟青虫主要分布在华北、华中、华东及全国大部分烟田及菜田，寄主为蚕豆、豌豆、青椒、番茄、南瓜、烟草、玉米等。

1. 学名

Heliothis assulta Guenee，鳞翅目，夜蛾科。

2. 别名

青虫、烟草夜蛾、烟夜蛾、烟实夜蛾等。

3. 为害特点

以幼虫蛀食花、果为害，为蛀果类害虫。为害辣（甜）椒时，整个幼虫钻入果内，啃食果皮、胎座，并在果内缀丝，排留大量粪便，使果实不能食用。

4. 发生规律

全国均有发生，代数较棉铃虫少，在华北一年2代，以蛹在土中越冬。成虫卵散产，前期多产在寄主植物上中部叶片背面的叶脉处，后期产在萼片和果上。成虫可在番茄上产卵，但存活幼虫极少。幼虫昼间潜伏，夜间活动为害。

5. 防治方法

（1）农业防治。冬春深耕灌水灭虫。

（2）诱杀成虫。消灭成虫在产卵以前。把采下的杨树枝叶分成小束，萎蔫后在每天的傍晚放入棉田，每亩放10束，每天黎明进行检查，用塑料袋套住杨树把摇动（或拔下），有蛾子飞出时，用手捏杀。

（3）物理防治。成虫有较强的趋光性，也可设置黑光灯诱杀。

（4）化学防治。①50%辛硫磷乳油1 000倍液、40%菊杀乳油3 000倍液或2.5%功夫乳油5 000倍液喷雾。②Bt乳剂200倍液于卵期喷雾。

第八章 马铃薯主要病虫害及防治技术

一、马铃薯早疫病

马铃薯早疫病在各栽培地区均有发生，北京、河北、山西等海拔较高的地区发生严重，一般造成的减产15%～30%。

1. 症状

多从下部老叶开始，叶片病斑近圆形，黑褐色，有同心轮纹，潮湿时斑面出现黑色霉层。发生严重时，病斑互相连合成黑色斑块，致叶片干枯脱落。块茎染病，表面出现暗褐色近圆形至不定形病斑，稍凹陷，边缘明显，病斑下薯肉组织亦变成褐色干腐状。

2. 病原

该病菌称茄链格孢，属半知菌亚门真菌。

3. 发病规律

分生孢子萌发适温26～28℃，当叶上有结露或水滴，温度适宜，分生孢子经35～45分钟即萌发，从叶面气孔或穿透表皮侵入，潜育期2～3天。瘠薄地块及肥力不足田发病重。

以分生孢子或菌丝在病残体或带病薯块上越冬，翌年种薯发芽病菌即开始侵染。病苗出土后，其上产生的分生孢子借风、雨传播，进行多次再侵染使病害蔓延扩大。病菌易侵染老叶片，遇有小到中雨或连续阴雨或湿度高于70%，该病易发生和流行。

4. 防治方法

（1）选用早熟耐病品种，适当提早收获。

（2）选择土壤肥沃的高燥田块种植，增施有机肥，推行配方施肥，提高寄主抗病力。

（3）发病前开始喷洒75%百菌清可湿性粉剂600倍液或64%杀毒矾可湿性粉剂500倍液、80%喷克可湿性粉剂800倍液、80%大生M-45可湿性粉剂600倍液、70%代森锰锌可湿性粉剂500倍液、80%新万生可湿性粉剂600倍液、1：1：200倍式波尔多液、77%可杀得可湿性微粒粉剂500倍液，隔7~10天1次，连续防治2~3次。

二、马铃薯晚疫病

马铃薯晚疫病是一种导致马铃薯叶死亡和块茎腐烂的毁灭性病害。凡是种植马铃薯的地区都有发生，在我国中部和北部大部分地区发生较普遍，其损失程度视当年当地的气候条件而异。在多雨、冷凉、适于晚疫病流行的地区和年份，植株提前枯死，严重影响产量，减产可达20%~40%。

1. 症状

叶片染病先在叶尖或叶缘生水浸状绿褐色斑点，病斑周围具浅绿色晕圈，湿度大时病斑迅速扩大，呈褐色，并产生一圈白霉，即孢囊梗和孢子囊，尤以叶背最为明显。干燥时病斑变褐干枯，质脆易裂，不见白霉，且扩展速度减慢。茎部或叶柄染病现褐色条斑。发病严重的叶片萎垂、卷缩，终致全株黑腐，全田一片枯焦，散发出腐败气味。块茎染病初生褐色或紫褐色大块病斑，稍凹陷，病部皮下薯肉亦呈褐色，慢慢向四周扩大腐烂。

2. 病原

病原物为致病疫霉，属鞭毛菌亚门真菌。

3. 发病规律

病菌喜日暖夜凉高湿条件，相对湿度 95% 以上，18 ~ 22℃条件下，有利于孢子囊的形成，冷凉（10 ~ 13℃，保持 1 ~ 2 小时）又有水滴存在，有利于孢子囊萌发产生游动孢子，温暖（24 ~ 25℃，持续 5 ~ 8 小时）有水滴存在，利于孢子囊直接产出芽管。因此，多雨年份、空气潮湿或温暖多雾条件下发病重。种植感病品种，植株又处于开花阶段，只要出现白天 22℃ 左右，相对湿度高于 95% 持续 8 小时以上，夜间 10 ~ 13℃，叶上有水滴持续 11 ~ 14 小时的高湿条件，本病即可发生，发病后 10 ~ 14 天病害蔓延全田或引起大流行。

病菌主要以菌丝体在薯块中越冬。播种带菌薯块，导致不发芽或发芽后出土即死去，有的出土后成为中心病株，病部产生孢子囊借气流传播进行再侵染，形成发病中心，致该病由点到面，迅速蔓延扩大。病叶上的孢子囊还可随雨水或灌溉水渗入土中侵染薯块，形成病薯，成为翌年主要侵染源。

4. 防治方法

（1）选用抗病品种，各地可因地制宜选用。

（2）选用无病种薯，减少初侵染源。做到秋收入窖、冬藏查窖、出窖、切块、春化等过程中，每次都要严格剔除病薯，有条件的要建立无病留种地，进行无病留种。

（3）加强栽培管理，适期早播，选土质疏松、排水良好的田块栽植，促进植株健壮生长，增强抗病力。

（4）发病初期及时喷洒 72% 克霜氰或 69% 安克·锰锌可湿性粉剂 900 ~ 1 000 倍液、90% 三乙膦酸铝可湿性粉剂 400 倍液、58% 甲霜灵·锰锌可湿性粉剂或 64% 杀毒矾可湿性粉剂 500 倍液、60% 琥·乙膦铝可湿性粉剂 500 倍液、50% 甲霜铜可湿性粉剂 700 ~ 800 倍液、72.2% 霜霉威水剂 800 倍液，隔 7 ~ 10 天 1 次，连续防治 2 ~ 3 次。

三、马铃薯叶枯病

叶枯病在部分地区发生分布，通常病株率5%～10%，对生产无明显影响，少数地块发病较重。病株达30%以上，部分叶片因病枯死，轻度影响产量。

1. 症状

此病主要为害叶片，也可侵染茎蔓，多是生长中后期下部衰老叶片先发病。叶片染病，从靠近叶缘或叶尖处开始，初期形成绿褐色坏死斑点，后逐渐发展成近圆形至"V"字形灰褐色至红褐色大型坏死斑，具不明显轮纹，病斑外缘常褪绿黄化，最后致病叶坏死枯焦，有时可在病斑上产生少许暗褐色小点（即病菌的分生孢子器）。茎蔓染病，形成不定形灰褐色坏死斑，后期在病部可产生褐色小粒点。

2. 病原

该病菌称大茎点菌，属半知菌亚门真菌。

3. 发病原因

温暖高湿有利于发病。土壤贫瘠、管理粗放、种植过密、植株生长衰弱的地块发病较重。

4. 传播途径

病菌以菌核或以菌丝随病残组织在土壤中越冬，也可在其他寄主残体上越冬。条件适宜时通过雨水把地面病菌冲溅到叶片或茎蔓上引起发病。以后病部产生菌核或分生孢子器借雨水扩散，进行再侵染。

5. 防治方法

（1）选择较肥沃的地块种植，合理密植。

（2）加强管理。增施有机肥，适当配合施用磷、钾肥。生长后期适时浇水和追肥，防止植株早衰。

（3）药剂防治。发病初期喷雾防治，药剂可选用70%甲基硫菌灵可湿性粉剂600倍液、50%异菌脲可湿性粉剂1 000倍液、80%代森锰锌可湿性粉剂800倍液、40%多硫悬浮剂400倍液、45%噻菌灵悬浮剂1 000倍液喷雾。

四、马铃薯病毒病

马铃薯病毒病为马铃薯主要病害，我国大部分地区发生均十分严重。通常造成轻度损失，少数地区或特殊年份发病较重，严重影响马铃薯生产。

1. 症状

常见的马铃薯病毒病有3种类型。

（1）花叶型。叶面叶绿素分布不均，呈浓绿淡绿相间或黄绿相间斑驳花叶，严重时叶片皱缩，全株矮化，有时伴有叶脉透明。

（2）坏死型。叶、叶脉、叶柄及枝条、茎部都可出现褐色坏死斑，病斑发展连接成坏死条斑，严重时全叶枯死或萎蔫脱落。

（3）卷叶型。叶片沿主脉或自边缘向内翻转、变硬、革质化，严重时每张小叶呈筒状。

此外还有复合侵染，引致马铃薯发生条斑坏死。

2. 病原

引起马铃薯病毒病的病毒很多，主要有马铃薯X病毒，在马铃薯上引起轻花叶症，有时产生斑驳或环斑。其寄主范围广，系统侵染的主要是茄科植物。马铃薯S病毒，在马铃薯上引起轻度皱缩花叶或不显症。马铃薯A病毒，在马铃薯上引起轻花叶或不显症。马铃薯Y病毒，在马铃薯上引起严重花叶或坏死斑和坏死条斑。马铃薯卷叶病毒，该病毒寄主范围主要是茄科植物。在马铃薯上引起卷叶症，此外，TMV 也可侵染马铃薯。

3. 发病规律

高温干旱、田间管理条件差、蚜虫发生量大发病重。此外，25℃ 以上高温会降低寄主对病毒的抵抗力，也有利于传毒媒介蚜虫的繁殖、迁飞或传病，从而利于该病扩展，加重受害程度。此外，品种抗病性及栽培措施很大程度上影响本病的发生程度。

病毒主要在带毒薯块内越冬，为主要初始毒源。以上几种病毒除 PVX 外，都可通过蚜虫及汁液摩擦传毒。

4. 防治方法

（1）采用无毒种薯，各地要建立无毒种薯繁育基地，原种田应设在高纬度或高海拔地区，并通过各种检测方法汰除病薯，推广茎尖组织脱毒，生产田还可通过二季作或夏播获得种薯。

（2）培育或利用抗病或耐病品种。在条斑花叶病及普通花叶病严重地区，可选用白头翁、丰收白、疫不加、郑薯 6 号、乌盟 601、陇薯 161-2、东农 303、鄂马铃薯 1 号、鄂马铃薯 2 号、克新 1 号和广红二号等抗病品种。

（3）出苗前后及时防治蚜虫。尤其靠蚜虫进行非持久性传毒的条斑花叶病毒更要防好。使用药剂参见本书蚜虫防治法。

（4）改进栽培措施。包括留种田远离茄科菜地；及早拔除病株；实行精耕细作，高垄栽培，及时培土；避免偏施过施氮肥，增施磷、钾肥；注意中耕除草；控制秋水，严防大水漫灌。

（5）发病初期喷洒 0.5% 菇类蛋白多糖水剂 300 倍液或 20% 病毒 A 可湿性粉剂 500 倍液、5% 菌毒清水剂 500 倍液。

五、马铃薯炭疽病

马铃薯炭疽病为一种严重影响马铃薯生产的世界性病害，属我国检疫性病害。炭疽病的发生严重影响了马铃薯的产量。

1. 症状

马铃薯染病后早期叶色变淡，顶端叶片稍反卷，后全株萎蔫变褐枯死。地下根部染病从地面至薯块的皮层组织腐朽，易剥落，侧根局部变褐，须根坏死，病株易拔出。茎部染病生许多灰色小粒点，茎基部空腔内长很多黑色粒状菌核。

2. 病原

病原番茄果腐少刺盘孢菌，属半知菌亚门真菌。

3. 发病规律

高温潮湿有利于发病。马铃薯生长中后期遇雨、露、雾多的天气，有利于病害扩展蔓延。田间管理粗放、土壤贫瘠、排水不良，病害较重。

病菌以菌丝体或分生孢子随病残体越冬。带病种薯亦可成为重要的初侵染源。条件适宜时分生孢子引起侵染，发病后在病部产生分生孢子，借风雨传播，形成再侵染。

4. 防治方法

（1）因地制宜选育和种植抗病品种。

（2）田间发现病株，及时拔除。收获后，清除病残体，带出田外集中处理。

（3）适时灌溉，雨后及时排除田间积水。科学施肥，增施磷、钾肥，避免偏施氮肥，提高植株抗病力。

（4）药剂防治。发病初期开始喷洒 70% 甲基硫菌灵悬浮剂 500 倍液或 50% 多·硫悬浮剂 500 倍液或 25% 咪酰胺乳油 1 000 倍液。

六、马铃薯疮痂病

马铃薯疮痂病已成为马铃薯生长期的重要病害之一。疮痂病发生后，病斑虽然仅限于皮层，但病薯不耐贮藏，外观难看，对马铃薯的品质影响很大，造成商品价值下降，经济损失严重，一般可减产 10%～30%，部分地块甚至减产 40% 以上。

1. 症状

马铃薯块茎表面先产生褐色小点，扩大后形成褐色圆形或不规则形大斑块。因产生大量木栓化细胞致表面粗糙，后期中央稍凹陷或凸起呈疮痂状硬斑块。病斑仅限于皮部，不深入薯内，区别于粉痂病。

2. 病原

病菌称疮痂链霉菌，属放线菌。

3. 发病规律

适合该病发生的温度为 25～30℃，中性或微碱性沙壤土发病重，pH 值 5.2 以下很少发病。品种间抗病性有差异，白色薄皮品种易感病，褐色厚皮品种较抗病。

病菌在土壤中腐生或在病薯上越冬。块茎生长的早期表皮木栓化之前，病菌从皮孔或伤口侵入后染病，当块茎表面木栓化后，侵入则较困难。病薯长出的植株极易发病，健薯播入带菌土壤中也能发病。

4. 防治方法

（1）选用无病种薯，一定不要从病区调种。播前用 40% 福尔马林 120 倍液浸种 4 分钟。

（2）多施有机肥或绿肥，可抑制发病。

（3）与葫芦科、豆科、百合科蔬菜进行 5 年以上轮作。

（4）选择保水好的菜地种植，结薯期遇干旱应及时浇水。

（5）发病初期，可选用 20% 叶枯唑可湿性粉剂 500 倍液，或 72% 农用链霉素 2 000 倍液，或 10% 苯醚甲环唑水分散颗粒剂 1 000 倍液喷雾防治。

七、马铃薯环腐病

马铃薯环腐病俗称转圈烂、黄眼圈或圪缩病，是一种检疫性病害。

1. 症状

本病属细菌性维管束病害。地上部染病分枯斑和萎蔫两种类型。枯斑型多在植株基部复叶的顶上先发病，叶尖和叶缘及叶脉呈绿色，叶肉为黄绿或灰绿色，具明显斑驳，且叶尖干枯或向内纵卷，病情向上扩展，致全株枯死；萎蔫型初期则从顶端复叶开始萎蔫，叶缘稍内卷，似缺水状，病情向下扩展，全株叶片开始褪绿，内卷下垂，终致植株倒伏枯死。块茎发病切开可见维管束变为乳黄色至黑褐色，皮层内现环形或弧形坏死部，故称环腐病。经贮藏块茎芽眼变黑干枯或外表爆裂，播种后不出芽或出芽后枯死或形成病株。病株的根、茎部维管束常变褐，病蔓有时溢出白色菌脓。

2. 病原

该致病菌称密执安棒形杆菌马铃薯环腐致病变种或称环腐棒杆菌，属细菌。

3. 发病原因

本病发病适温一般偏低，为 $18 \sim 24 ℃$。当土温超过 $31 ℃$ 时，病害发生受到抑制，故此病多发生在北方马铃薯产区。在马铃薯生育期间干热缺雨，有利于病情扩展和显现症状。切块种植时，病菌能借切刀传播，成为环腐病传播蔓延的重要途径。

病薯是环腐病的初侵染来源。播种病薯，重者芽眼腐烂，不能发芽出土，轻者出苗后，病菌沿维管束扩展，向上侵害茎基部和叶柄，向下沿匍匐茎侵害新结薯块。病菌在浇水或降雨时，可随流水传播，可从马铃薯伤口侵入，但侵染几率很低。病菌进入土壤中很容易死亡，故土壤传病的可能性很小。

4. 防治方法

（1）建立无病留种田，尽可能采用整薯播种。有条件的最好与选育新品种结合起来，利用杂交实生苗，繁育无病种薯。

（2）种植抗病品种。经鉴定表现抗病的品系有：东农303、郑薯4号、宁紫7号、庐山白皮、乌盟601、克新1号、丰定22、铁筒1号、阿奎拉、长薯4号、高原3号、同薯8号等。

（3）播前汰除病薯。把种薯先放在室内堆放五六天，进行晾种，不断剔除烂薯，使田间环腐病大为减少。此外用50毫克/千克硫酸铜浸泡种薯10分钟有较好效果。

（4）结合中耕培土，及时拔除病株，带出田外集中处理。

八、马铃薯黑胫病

马铃薯黑胫病在各马铃薯产区均有不同程度发生，发病率一般为2%～5%，严重的可达40%～50%。在田间造成缺苗断垄及块茎腐烂，还可在温度高的薯窖内引起严重烂薯。

1. 症状

马铃薯黑胫病主要侵染茎或薯块，从苗期到生育后期均可发病。种薯染病腐烂成黏团状，不发芽或刚发芽即烂在土中，不能出苗。幼苗染病一般株高15～18厘米出现症状，植株矮小，节间短缩，或叶片上卷，褪绿黄化或胫部变黑，萎蔫而死。横切茎可见三条主要维管束变为褐色。薯块染病始于脐部，呈放射状向髓部扩展，病部黑褐色，横切可见维管束亦呈黑褐色，用手压挤皮肉不分离，湿度大时，薯块变为黑褐色，腐烂发臭，区别于青枯病。

2. 病原

由胡萝卜软腐欧文氏菌黑腐致病型，欧氏杆菌属中的一个低温类型，属细菌性病害。

3. 发病原因

病害发生程度与温湿度有密切关系。气温较高时发病重，高温高湿，有利于细菌繁殖和为害。土壤黏重而排水不良的土壤对发病有利，黏重土壤往往土温低，植株生长缓慢，不利于寄主组织木栓化的形成，降低了抗侵入的能力；黏重土壤含水量大，有利于细菌繁殖、传播和侵入，因此，黏重土壤、低洼地块发病严重。播种前，种薯切块堆放在一起，不利于切面伤口迅速形成木栓层，也会使发病率增高。

4. 传播途径

种薯带菌，土壤一般不带菌。病菌先通过切薯块扩大传染，引起更多种薯发病，再经维管束或髓部进入植株，引起地上部发病。田间病菌还可通过灌溉水、雨水或昆虫传播，经伤口侵入致病，后期病株上的病菌又从地上茎通过匍匐茎传到新长出的块茎上。贮藏期病菌通过病健薯接触经伤口或皮孔侵入使健薯染病。

5. 防治方法

（1）选用抗病品种。

（2）选用无病脱毒种薯。

（3）切块用草木灰拌种后立即播种。

（4）适时早播，注意排水，降低土壤湿度，提高地温，促进早出苗。

（5）及时拔除病株。田间发现病株应及时全株拔除，集中销毁，在病穴及周边撒少许熟石灰。后期病株要连同薯块提前收获，避免同健壮植株同时收获，防止薯块之间病害传播。

（6）药剂防治。发病初期可用100毫克/千克农用链霉素喷雾，也可选用40%可杀得600~800倍液防治，或用20%喹菌酮可湿性粉剂1 000~1 500倍液喷洒，或用20%龙克菌600倍液喷洒，或用72%甲霜灵锰锌兼治晚疫病，也可用波尔多液灌根处理。

九、马铃薯枯萎病

马铃薯枯萎病是马铃薯上的常见病害，分布广泛，全国各种植区普遍发生。

1. 症状

初期地上部出现萎蔫，剖开病茎，薯块维管束变褐，湿度大时，病部常产生白色或粉红色菌丝。

2. 病原

该病菌称尖镰孢菌，属半知菌亚门真菌。该菌还可侵染番茄、球茎茴香、甜瓜、草莓等。

3. 发病规律

田间湿度大、土温高于28℃或重茬地、低洼地易发病。

病菌以菌丝体或厚垣孢子随病残体在土壤中或在带菌的病薯上越冬。翌年病部产生的分生孢子借雨水或灌溉水传播，从伤口侵入。

4. 防治方法

（1）与禾本科作物或绿肥等进行4年轮作。

（2）选择健薯留种，施用腐熟有机肥，加强水肥管理，可减轻发病。

（3）必要时浇灌12.5%增效多菌灵浓可溶剂300倍液。

十、马铃薯瓢虫

马铃薯瓢虫寄主较多，主要为害马铃薯、茄子、辣椒等茄科蔬菜，也是菜豆、豇豆、瓜类、白菜等重要害虫。此虫主要发生在我国北方，以山区、半山区发生较多。

1. 学名

Henosepilachna vigintioctopunctata. （Fabricius），*Henose pilach-na vigintioctomaculata* （Motschulsky），属鞘翅目、瓢虫科。

2. 别名

二十八星瓢虫、酸浆瓢虫等。

3. 为害特点

马铃薯瓢虫成虫、幼虫均可为害植物叶片，一般群集在叶背面啃食叶的下表皮及叶肉，残留上表皮，形成有规则的半透明细的凹纹，受害叶片变成黄褐色，并使叶片枯干。最后使叶片出现孔洞，严重的整株叶片变成黄褐枯焦。此虫也可为害茄果，一般在茄果顶部啃成网状纹，受害部分变黑褐，味变苦，影响产量和质量。

4. 发生规律

马铃薯瓢虫在我国北方一年发生 1~2 代，各地均以成虫越冬。越冬的成虫多数群集在山洞里、石缝间、土缝里、树裂皮下、墙缝里以及小树丛中和杂草丛生的地方，于第二年 5 月中、下旬越冬成虫开始活动。越冬后刚恢复活动的成虫不会飞，只能在越冬场所周围爬行，经 1 周左右才恢复正常，飞翔迁移到马铃薯上为害，并逐渐扩散到田间其他作物上。也有的先迁移到保护地内茄子、瓜类上为害，再逐渐转移到其他作物上。6 月上、中旬是产卵盛期，6 月下旬至 7 月上旬是第 1 代幼虫为害盛期。第 2 代幼虫为害盛期在 8 月中旬，至 8 月下旬老幼虫化蛹，2 代成虫出现后可在秋芸豆、秋黄瓜等蔬菜上继续为害一段时间，至 9~10 月迁到越冬场所越冬。成虫早晚潜伏，白天活动，有假死性，受振动后立即缩足落地不动，并分泌黄色黏液。成虫产卵于叶背面，常常 20~30 粒在一起，平均每头雌虫产卵 400 粒。幼虫共四龄，一龄幼虫多群集叶背取食，二龄后则分散为害，并随着龄期增长，食量增加，以四龄食量最大，为害亦重。老熟幼虫即在叶背面化蛹。卵期 5～11 天；幼虫期 16～26 天；蛹期 5～7 天；越冬代成虫寿命较长，约 300 天；第 1 代成虫寿命约 45 天。马铃薯瓢虫喜温暖条件，成虫产卵最适宜温度为 22～28℃，若温度在 30℃以上即使产卵亦不能孵化，在 35℃以上则不能正常产卵，若在 16℃以下不能产卵。

5. 防治方法

（1）人工捕捉。利用成虫假死性，可采用振落方法，将振落地面的成虫收集后，集中消灭。

（2）人工摘卵块。于雌成虫产卵盛期，组织人力摘除卵块，也可在初孵幼虫期未分散前摘除虫叶，集中消灭。

（3）清洁田园。在作物采收后及时清除残株落叶，消灭一部分虫源。

（4）药剂防治。可用 90% 晶体敌百虫 1 000 倍液，或 50% 辛硫磷乳油 1 000 倍液，或 2.5% 溴氰菊酯乳油 3 000 倍液喷雾。

第九章　豇豆主要病虫害及防治技术

一、豇豆病毒病

豇豆病毒病也称豇豆花叶病，是豇豆的主要病害之一，全国各地均有发生。

1. 症状

豇豆病毒病以秋豇豆发病较重，病株初在叶片上产生黄绿相间的花斑，后浓绿色部位逐渐突起呈疣状，叶片畸形，严重病株生育缓慢、矮小，开花结荚少。豆粒上产生黄绿花斑，有的病株生长点枯死，或从嫩梢开始坏死。

2. 病原

此病主要由豇豆蚜传花叶病毒、豇豆花叶病毒、黄瓜花叶病毒（CMV）和蚕豆萎蔫病毒4种病毒引起，可单独侵染为害，也可两种或两种以上复合侵染。

3. 发病规律

病毒喜高温干旱的环境，适宜发育温度范围15~38℃，发病最适条件为温度20~35℃，相对湿度80%以下。发病潜育期10~15天，遇持续高温干旱天气或蚜虫发生重，易使病害发生与流行。秋季气温偏高、少雨、蚜虫发生量大的年份发病重。栽培管理粗放、农事操作不注意防止传毒、多年连作、地势低洼、缺肥、缺水、氮肥施用过多的田块发病重。

病毒主要吸附在豆类作物种子上越冬，也可在越冬豆科作物上或随病株残余组织遗留在田间越冬，成为翌年初侵染源。播种带毒种子，出苗后即可发病，生长期主要通过蚜虫传毒、植株间汁液接触及农事操作传播至寄主植物上，从寄主伤口侵入，进行多次再侵染。

4. 防治方法

（1）选用无病毒种子，种子在播种前先用清水浸泡 3 ~ 4 小时，再放入 10% 磷酸三钠加新高脂膜 800 倍液溶液中浸种 20 ~ 30 分钟；适量播种，下种后及时喷施新高脂膜 800 倍液保温保墒，防止土壤板结，提高出苗率。

（2）加强肥水管理，促进植株生长健壮，促进花芽分化，同时，在开花结荚期适时喷施菜果壮蒂灵，增强花粉受精质量，提高循环坐果率，促进果实发育。

（3）发病初期应及时喷施 20% 盐酸吗啉胍 500 倍液或 0.5% 菇类蛋白多糖水剂 300 倍液等药剂防治，并配合喷施新高脂膜 800 倍液增强药效。

二、豇豆白粉病

豇豆白粉病是豆类蔬菜较常见且为害较重的一种病害，我国南北菜区均普遍分布，病害流行季节，可造成植株中下部叶片大量发病而枯死，引起产量和产品质量较大的损失。

1. 症状

主要为害叶片。初发病多于叶背产生紫褐色斑，并覆有一层稀薄白粉。叶正面沿叶脉产生白色粉斑，即分生孢子梗、分生孢子和菌丝体。叶背面粉斑多于叶正面，发病后期叶片黄枯、脱落。

2. 病原

病原是蓼白粉菌，属于子囊菌亚门真菌。病菌的寄主范围较广，除可侵染多种豆科植物外，还可侵染甘蓝、芹菜、油菜、芥菜和番茄等，以及多种其他草本植物。

3. 发病规律

白粉菌是一类很耐干旱的真菌。一般真菌引起的植物病害，多雨都易诱发病害严重，而对白粉病，多雨反倒会抑制病害的发展。虽然如此，潮湿的天气和郁蔽的生态条件，仍然有利于白粉病的发生。植株受干旱影响，尤其是土壤缺水，会降低对白粉病的抗性。种植密度过大，田间通风透光状况不良；施氮肥过多；管理粗放等都有利于白粉病发生。

在我国北方主要靠闭囊壳越冬，初侵染来源主要是田间其他寄主作物或杂草染病后长出的分生孢子。分生孢子容易从孢子梗上脱落，通过气流传播，条件适宜时萌发，从寄主表皮细胞侵入后，菌丝在表皮营外寄生并不断蔓延，再长出新的分生孢子，传播后可多次进行再侵染。

4. 防治方法

（1）因地制宜选种抗病品种。

（2）加强栽培控病措施。主要是注意搞好田间通风降湿和增加透光；天旱时要及时浇水防止植株因缺水降低抗性；开花结荚后及时追肥，但勿过量施氮肥，可适当增施磷、钾肥，防止植株早衰。

（3）及早喷药控治，于抽蔓或开花结荚初期发病前喷药预防，可选用20%三唑铜乳油2 000倍液或12.5%速保利可湿性粉剂2 000～2 500倍液或40%福星乳油8 000倍液。隔7～15天1次，采收前7天停止用药。

三、豇豆锈病

豇豆锈病是豇豆上常见的病害之一，各菜区普遍发生，主要为害露地栽培豇豆，以沿海地区和多雨年份为害严重。发病严重时造成叶片干枯脱落，间接影响产量。

1. 症状

主要为害叶片，严重时亦可为害豆荚。叶片染病，前期叶面密生针头般大的黄色疱斑，疱斑破裂散出锈粉（病菌夏孢子堆）；后期叶面出现 1～2 毫米大的黑色疱斑，破裂后亦散出黑粉（病菌冬孢子堆）。严重时叶面密布锈粉（前期）和黑粉（后期），叶片蒸腾量剧增，水分大量散失，终致叶片枯黄乃至干枯，植株生势衰弱，收荚期大为缩短。后期豆荚染病亦散出锈粉或黑粉，为害严重的不能食用。

2. 病原

引起豆类锈病的病原菌为豇豆单胞锈菌，属于担子菌的真菌。豆类锈菌是活物营养的寄生菌，若被寄生部位的寄主细胞死亡，锈菌的营养菌丝也随即死亡。

3. 发病规律

病菌喜温暖高湿环境，发病最适气候条件为温度 23～27℃，相对湿度 95% 以上。豇豆感病生育期在开花结荚到采收中后期。多年连作、菜地低洼、排水不良及栽培上过于密植或植株徒长、通风透光差的田块发病重。年度间夏秋高温多雨年份发病重。

病菌为单主寄生的全型锈菌，以冬孢子随病株残余组织在田间越冬。翌春环境条件适宜时，萌发产生担孢子，担孢子借气流传播到豇豆叶片，产生芽管从叶面侵入，引起初次侵染。在叶片中潜育 8～9 天后出现病斑，田间发病后，在病部产生性孢子和锈孢子，形成夏孢子堆并产出夏孢子，由夏孢子借风传播进行重复再侵染，直至秋后，条件不适，形成冬孢子堆及冬孢子越冬。

4. 防治方法

（1）农业措施。避免连作，合理密植，雨后排水，降低田间湿度。清洁田园，减少再侵染菌源及越冬菌量，配合使用氮、磷、钾肥，提高植株的抗病力。及时摘除棚内中心病叶，防止病菌扩展蔓延。收获后及时清除病残株，集中棚外销毁，或大田栽培就地销毁。

（2）选用抗病品种。例如，粤夏 2 号为高抗品种，桂林长豆角、铁线青豆角为较抗品种。

（3）药剂防治。发病初期可选用 50% 萎锈灵乳油 800 倍液，或 20% 粉锈宁乳油 1 500 倍液，或 12.5% 烯唑醇可湿性粉剂 2 500 ~ 3 000 倍液等药剂，每隔 7 ~ 10 天喷药 1 次，防治 2 ~ 3 次。

四、豇豆疫病

豇豆疫病是豇豆的主要病害之一，为害十分严重，防治不及时则会造成死株，损失严重，一般造成 10% 左右的减产，严重者可达 30% 以上。

1. 症状

为害蔓茎、叶和豆荚。茎基部缢缩，变褐，导致上部萎蔫。叶片发病，初生暗绿色水浸状圆形病斑，边缘不明显，潮湿时病斑迅速扩大，表面生有稀疏的白色霉状物，引起腐烂。天气干燥时，病斑变为褐色，叶片干枯，表面有小黑点。

2. 病原

病原为豇豆疫霉菌，属鞭毛菌亚门真菌，寄主豇豆。

3. 发病原因

病菌生长温限 8 ~ 38℃，适温 28 ~ 32℃。在 5 ~ 6 月多雨季节，易发病。凡是春雨早，降雨量大的年份发病重，在连阴多雨后转晴，气温升高，病害也随之发生。地势低洼、排水不良、田间通风不良及重茬等地块均易发病。

病菌以卵孢子、厚垣孢子随病残体在土中或种子上越冬，借风雨、流水等传播。

4. 防治方法

（1）选用抗病品种。

（2）实行轮作。高畦深耕种植，合理密植，防止地面湿度过大，雨后及时排水。

（3）发病初期喷洒58%甲霜灵、锰锌可湿性粉剂500倍液，或64%杀毒矾可湿性粉剂500倍液。隔7~10天喷药1次，连续喷3~4次。药剂应合理轮用，以提高防治效果。

五、豇豆煤霉病

豇豆煤霉病又称为叶霉病，各地均有发生，是豇豆上一种较为严重的病害，染病后叶片干枯脱落，直接影响植株结荚，减少采收次数，造成严重的产量损失。近年来在各地的发生越来越重。

1. 症状

叶两面初生赤褐色小点，后扩大成直径为1~2厘米、近圆形或多角形的褐色病斑，病部、健部交界不明显。潮湿时，病斑上密生灰黑色霉层，尤以叶片背面显著。严重时，病斑相互连片，引起早期落叶，仅留顶端嫩叶。病叶变小，病株结荚减少。

2. 病原

豇豆煤霉病菌为豆类煤污尾孢，属半知菌亚门真菌。病菌除侵染豇豆外，还可侵染菜豆、蚕豆、豌豆和大豆等豆科作物。

3. 发病规律

田间高温、高湿或多雨是发病的重要条件，当温度25~30℃，相对湿度85%以上，或遇高湿多雨，或保护地高温高湿、通气不良则发病重。连作地或播种过晚发病重。

豇豆煤霉病以菌丝块随病残体在田间越冬。第二年当环境条件适宜时，在菌丝块上产生分生孢子，通过风雨传播进行初侵染，引起发病。病部产生的分生孢子可进行多次再侵染。

4. 防治方法

（1）加强栽培管理。实行轮作，施足腐熟有机肥，采用配方施肥；合理密植，使田间通风透光，防止湿度过大。保护地要通风，透气排湿降温。

（2）田园清洁。发病初期及时摘除病叶，收获后清除病残体，集中烧毁或深埋。

（3）药剂防治。发病初期喷施 70% 甲基托布津可湿性粉剂 800 倍液、77% 可杀得可湿性微粒粉剂 500 倍液、40% 多硫悬浮剂 800 倍液、50% 混杀硫悬浮剂 500 倍液或 58% 甲霜灵锰锌可湿性粉剂 500 倍液，10 天左右喷施 1 次，连续防治 2～3 次。

六、豇豆细菌性疫病

1. 症状

豇豆细菌性疫病主要为害叶片，也可为害茎、荚及种子。叶片染病初现水浸状小圆点，后逐渐扩展成不规则形褐色至红褐色病斑，四周具黄色晕圈，病斑小于 5 毫米，但数个病斑可融为大斑，且每个病斑中心还能看出来，病情严重时病叶变黄早落或穿孔。茎部染病病斑红褐色长条形凹陷；荚染病初为水渍状小点，1～2 毫米，略凹陷，后变红褐色，有菌液溢出，小斑亦可连片，荚内种子染病变褐或腐烂。此病叶片也可无斑点而表现萎蔫，茎秆上产生溃疡或大裂缝。

2. 病原

油菜黄单胞豇豆疫病致病变种（豇豆细菌疫病黄单胞菌），属细菌。除侵染豇豆外，还可侵染菜豆和一种苏丹草。

3. 发病规律

气温 24～32℃，叶上有水滴是本病发生的重要温湿条件，一般高温多湿、雾大露重或暴风雨后转晴的天气，最易诱发本病。此外，栽培管理不当，大水漫灌，肥力不足或偏施氮肥，长势差易加重发病。

病菌主要在种子内或粘附在种子外越冬，播种带菌种子，幼苗长出后即发病，病部渗出的菌脓借风雨或昆虫传播。从气孔、水孔或伤口侵入，经 2~5 天潜育，即引致茎叶发病。病菌在种子内能存活 2~3 年，在土壤中病残体腐烂后即死亡。

4. 防治方法

（1）实行 3 年以上轮作。

（2）施用日本酵素菌沤制的堆肥。

（3）选留无病种子，从无病地采种，对带菌种子用 45℃ 恒温水浸种 15 分钟捞出后移入冷水中冷却，或用种子重量 0.3% 的 95% 敌克松原粉或 50% 福美双拌种，或用硫酸链霉素 500 倍液，浸种 24 小时。

（4）加强栽培管理，避免田间湿度过大，减少田间结露的条件。

（5）发病初期喷洒 14% 络氨铜水剂 300 倍液、77% 可杀得可湿性微粒粉剂 500 倍液、47% 加瑞农可湿性粉剂 800 倍液、30% 碱式硫酸铜（绿得保）悬浮剂 400 倍液、50% 琥胶肥酸铜可湿性粉剂 500 倍液或 72% 农用硫酸链霉素可溶性粉剂 3 000~4 000 倍液等药剂，7~10 天喷施 1 次，连续防治 2~3 次。采收前 3 天停止用药。

七、豇豆枯萎病

1. 症状

发病多数从开花期开始，结荚盛期可造成植株大量枯死。初期病株下部叶片先变黄，逐渐向上发展，病叶叶脉变褐，近脉的叶肉组织变黄，终致叶片干枯、脱落，病株易被拔起。检视根部及茎基部，根部变褐腐烂，根茎维管束亦变红褐色至黑褐色。严重为害时，全田植株死亡。

2. 病原

豇豆枯萎病由尖镰孢菌侵染所致，属半知菌亚门真菌。有人认为本病菌为尖镰孢菌导管变种，与菜豆枯萎病菌属于不同的专化型，即两者形态相同而致病力有差异。

3. 发病规律

病菌发育适温为 27~30℃，最适 pH 值为 5.5~7.7。发病适温为 20℃以上，以 24~28℃ 为害最严重。在适温范围内、相对湿度在 70% 以上时，病害发展迅速，如遇多雨，病害易流行。连作地、低洼潮湿地或大水漫灌或植地受涝，往往发病严重。品种间抗病性尚缺全面调查。

真菌引起的病害，病菌随病残体在土中越冬，腐生性较强，从根部伤口侵入。

4. 防治方法

（1）种植抗病品种。

（2）实行 3 年以上轮作。

（3）采用高垄深沟栽植，结合整地每亩施生石灰 100~150 千克。

（4）发病初期用 96% 恶霉灵原粉 3 000 倍液、50% 多·硫悬浮剂 600 倍液、60% 琥·乙膦铝可湿性粉剂 500 倍液、70% 百泰可湿性粉剂 1 500 倍液、66% 敌磺·多可湿性粉剂 600 倍液、77% 可杀得可湿性粉剂 800 倍液等喷淋根部。

八、豇豆灰霉病

灰霉病是豇豆上重要病害，各种植区广泛发生，严重影响豇豆产量和品质。

1. 症状

豇豆叶、茎、花、荚果均可染病，一般根茎部向上先显症，初现深褐色，中部淡棕色或浅黄色，干燥时病斑表皮破裂形成纤维状，湿度大时上生灰色霉层。有时病菌从茎蔓分枝处侵入，致病部形成凹陷水浸斑，后萎蔫。苗期子叶染病呈水浸状变软下垂，后叶缘长出白灰色霉层，即病菌分生孢子梗和分生孢子。叶片染病，形成较大的轮纹斑，后期易破裂。荚果染病先侵染败落的花，后扩展到荚果，病斑初淡褐至褐色后软腐，表面生灰霉。

2. 病原

该病菌称灰葡萄孢，属半知菌亚门真菌，与黄瓜灰霉病相同。

3. 发病规律

菌丝生长温度范围 4~32℃，最适温度 13~21℃，高于21℃其生长量随温度升高而减少，28℃锐减。该菌产孢温度范围 1~28℃，同时需较高湿度；病菌孢子 5~30℃均可萌发，最适 13~29℃；孢子发芽要求一定湿度，尤在水中萌发最好，相对湿度低于95%孢子不萌发。病菌侵染后，潜育期因条件不同而异，1~4℃接种后 1 个月产孢，20℃接种后 7 天即产孢；生产上在有病菌存活的条件下，只要具备高湿和20℃左右的温度条件，病害易流行。病菌寄主较多，为害时期长，菌量大，防治比较困难。

该病菌以菌丝、菌核或分生孢子越夏或越冬。越冬的病菌以菌丝在病残体中营腐生生活，不断产出分生孢子进行再侵染。条件不适病部产生菌核，在田间存活期较长，遇到适合条件，即长出菌丝直接侵入或产生孢子，借雨水溅射或随病残体、水流、气流、农具及衣物传播。腐烂的病荚、病叶、病卷须、败落的病花落在健部即可发病。

4. 防治方法

（1）棚室围绕降低湿度，采取提高棚室夜间温度，增加白天通风时间，从而降低棚内湿度和结露持续时间，达到控病的目的。

（2）及时拔除病株，带出田外烧毁。

（3）药剂防治。发现病株即开始喷洒65%甲霉灵（硫菌霉威）可湿性粉剂1 500倍液或50%速克灵可湿性粉剂1 500~2 000倍液或50%扑海因可湿性粉剂、50%农利灵可湿性粉剂1 000~1 500倍液、50%扑海因可湿性粉剂1 000倍液加90%三乙膦酸铝（乙膦铝）可湿性粉剂800倍液、45%特克多悬浮剂4 000倍液、50%混杀硫悬浮剂600倍液、50%的多菌灵胶悬剂800倍液或75%的百菌清可湿性粉剂600~800倍液喷雾防治。隔7~10天喷施1次，连续喷洒2~3次。采收前3天停止用药。

九、豆荚野螟

豆荚野螟是豆类蔬菜的重要害虫，主要蛀食花器、鲜荚和种子，引起落花落蕾。有时蛀食茎秆、端梢，卷食叶片，造成落荚，产生蛀孔并排出粪便，严重影响品质。严重受害区，蛀荚率达70%以上。

1. 学名

Maruca testulalis，鳞翅目，螟蛾科。

2. 别名

豇豆螟、豇豆蛀野螟、豆荚野螟、豆野螟、豆荚螟、豆螟蛾、豆卷叶螟、大豆卷叶螟、大豆螟蛾等。

3. 为害特点

以幼虫为害花、荚和豆粒，严重时整个豆粒被吃空，被害籽粒内充满虫粪，变褐甚至霉烂，严重影响豆类的产量和品质。

4. 发生规律

豆荚野螟每年发生代数随不同地区而异，广东、广西 7～8 代，湖北、湖南、江苏、浙江、江西 4～5 代，山东、陕西 2～3 代。各地主要以老熟幼虫在寄主植物附近土表下 5～6 厘米深处结茧越冬。翌春，越冬代成虫在豌豆、绿豆或冬种豆科绿肥作物上产卵发育为害，一般以第 2 代幼虫为害春大豆最重。成虫昼伏夜出，趋光性弱，飞翔力也不强，卵产于花瓣或嫩荚上，散产或几粒一起，每雌可产 80～90 粒。幼虫多在上午 6：00～9：00 孵化后，先在荚上吐丝做一丝囊，然后蛀入荚内，咬食种子。3 龄后的幼虫就会转荚为害，一头幼虫一生可为害 2～4 个豆荚。老熟幼虫落地在表土中作茧化蛹。卵期 3～6 天，幼虫期 9～12 天，成虫寿命 6～7 天。本种主要为害大豆（黄豆），仅在部分地区部分时间在菜田为害。一般于秋季，尤其是干旱的条件下发生数量多，为害较重。

5. 防治方法

（1）因地制宜选育抗虫品种。选育早熟丰产、结荚期短、豆荚毛少或无毛品种。

（2）合理轮作。避免大豆与紫云英等豆科植物连作或邻作，采用大豆与水稻轮作或玉米与大豆间作。

（3）加强田间管理。及时清除田间落花、落荚，并摘除被害的卷叶和豆荚，以减少虫源；水旱轮作或水源方便地区，可在冬、春灌水数次，可促使越冬幼虫和蛹大量死亡；豆科绿肥结荚前翻耕沤肥，及时收割大豆并及早运出本田，减少本田越冬幼虫。

（4）在豆田架设黑光灯，诱杀成虫。

（5）生物防治。在成虫产卵盛期释放赤眼蜂灭卵，效果很好。

（6）药剂防治。在盛蛾期和卵孵化盛期喷药于豆荚上毒杀成虫及初孵幼虫。宜选用触杀和内吸混合剂喷杀。用菊酯类农药加入少许90%晶体敌百虫或30%乙酰甲胺磷乳油，或50%倍硫磷乳剂1 000～1 500倍液，或50%杀螟松乳剂1 000倍液等内吸药剂混合喷杀。也可选用灭杀毙（21%增效氰·马乳油）6 000倍液、40%氰戊菊酯3 000倍液或2.5%溴氰菊酯3 000倍液，从现蕾开始，每隔10天喷蕾、花1次，可控制为害，如需兼治其他害虫，则应全面喷药。

第十章　大葱主要病虫害及防治技术

一、大葱霜霉病

霜霉病是大葱、洋葱的重要病害，各地普遍发生，在低温多雨年份，导致叶片大量干枯死亡。其他葱类、韭菜、大蒜也可被霜霉病菌侵染。

1. 症状

大葱霜霉病主要为害叶及花梗。花梗上初生黄白色或乳黄色较大侵染斑，纺锤形或椭圆形，其上产生白霉，后期变为淡黄色或暗紫色。中下部叶片染病，病部以上渐干枯下垂。假茎染病多破裂，弯曲。鳞茎染病可引致系统性侵染，这类病株矮缩，叶片畸形或扭曲，湿度大时，表面长出大量白霉。洋葱霜霉病主要为害叶片。发病轻的病斑呈苍白绿色长椭圆形，严重时波及上半叶，植株发黄或枯死，病叶呈倒"V"字形。花梗染病同叶部症状，易由病部折断枯死。湿度大时，病部长出白色至紫灰色霉层，即病菌的孢囊梗及孢子囊。鳞茎染病后变软，外部的鳞片表面粗糙或皱缩，植株矮化，叶片扭曲畸形。

2. 病原

病原是葱霜霉菌，属鞭毛菌亚门真菌。

3. 发病规律

冬季高温多雨或3~4月高温多雨年份常有病害发生。平均气温15℃时，春秋各发生一次病害，尤其在4~5月降雨多时，容易发病。连作、排水不畅、低洼地、阴地等通风不良的地块病害较多。厚播、施肥过多的苗床，由于湿度大，有利于病害发生。

4. 传播途径

以卵孢子和菌丝体在寄主及种子上，或土壤中越冬，田间病残体中的病菌卵孢子和鳞茎中的潜伏菌丝体为主要初侵染菌源。卵孢子在土壤内病残体中可存活数年。在翌年条件适宜时萌发，产生芽管，从植株的气孔侵入，形成局部侵染，病部产生孢囊梗和孢子囊，孢子囊借风、雨、昆虫等传播，进行再侵染。

5. 防治方法

（1）选择地势高、易排水的地块种植，并与葱类以外的作物实行 2~3 年轮作。多施充分腐熟的有机质肥，合理密植，及时追肥，适度灌水，严防大水漫灌，雨后及时清沟排渍降湿。

（2）种子处理，用种子重量 0.3% 的 35% 甲霜·锰锌拌种，或用 55℃ 温水浸种 15 分钟，再浸入冷水中，捞出晾干后播种。

（3）发病初期可选用 90% 乙膦铝可湿性粉剂 400~500 倍液、75% 百菌清可湿性粉剂 600 倍液、50% 甲霜·铜可湿性粉剂 800~1 000倍液、64% 恶霜·锰锌可湿性粉剂 500 倍液、72.2% 霜霉威水剂 800 倍液，30% 氧氯化铜悬浮剂 600 倍液等药剂喷洒，7~10 天 1 次，连续防治 2~3 次。

二、大葱紫斑病

紫斑病为大葱、洋葱的常见病害，分布普遍，多雨年份发病严重，导致大量倒秧，严重减产。

1. 症状

主要侵害叶片和花梗，偶可为害鳞茎。发病初期，病斑小，略凹陷，后逐渐变大，椭圆形或梭形，褐色到紫色。潮湿时病斑上生黑色霉层，并有同心轮纹，病部易折断。大葱和洋葱上的病斑紫褐色，大蒜病斑黄褐色，湿度大时布满黑褐色霉状物，轮纹状排列，重病株叶和花梗枯死。切顶后的鳞茎和颈部受到感染时呈半湿性腐败，组织变红或黄，渐呈暗褐或黑色。贮藏期可继续发病。

2. 病原

病原物是香葱链格孢，属半知菌亚门真菌。

3. 发病规律

发病最适温度为 25～27℃，12℃ 以下不适于发病。温暖多湿的夏季发病重。播种过早、种植过密、旱地、旱苗或老苗、缺肥及葱蓟马为害重的田块发病重。

北方以菌丝体在寄主体内或随病残体在土壤中越冬，翌年春季产生分生孢子，借气流或雨水传播，接触并侵入葱类叶片。温暖地区以分生孢子在葱类植物上辗转为害。紫斑病菌经气孔、伤口或直接穿透表皮侵入。

4. 防治方法

（1）收获后及时清洁田园，施足基肥，加强田间管理，雨后及时排水。实行 2 年以上轮作。适时收获，低温贮藏，防止病害在贮藏期继续蔓延。

（2）选用无病种子，必要时种子用 40% 甲醛 300 倍液浸 3 小时，浸后及时洗净。鳞茎可用 40～45℃ 温水浸 1.5 小时消毒。

（3）发病初期喷洒 2% 嘧啶核苷类抗生素水剂 100～200 倍液、75% 百菌清可湿性粉剂 500～600 倍液、70% 代森锰锌可湿性粉剂 800 倍液、50% 异菌脲可湿性粉剂 1 500 倍液、75% 百菌清可湿性粉剂 +70% 甲基硫菌灵可湿性粉剂（1：1）1 000～1 500 倍液、30% 氧氯化铜可湿性粉剂 +70% 代森锰锌可湿性粉剂（1：1，即混即喷）1 000 倍液、40% 三唑酮·多菌灵可湿性粉剂 1 000 倍液、45% 三唑酮·福美双可湿性粉剂 1 000 倍液，间隔7~10天喷1次，连续防治3~4次，均有较好的效果。

三、大葱灰霉病

灰霉病是韭菜、葱类和大蒜的重要病害，分布广泛，在田间常造成叶片大量霉烂，贮运期为害也很严重。

1. 症状

被害叶片上初生白色至浅灰褐色的小斑点，后斑点逐渐扩大，相互融合成椭圆形眼状菱形大斑，病斑长度可达1~5毫米。湿度大时，病斑可密生灰褐色绒毛状霉层，后期病斑相互连接，致使叶片霉烂死亡、发黏、发黑。死叶表面也密生灰霉，有时还生出黑色颗粒状菌核。

2. 病原

病原是葱鳞葡萄孢，属半知菌亚门真菌。

3. 发病规律

冷凉、高湿的环境条件最有利于灰霉病的发生。18~23℃有利于灰霉菌生长、孢子形成、孢子萌发和发病，在0~10℃低温下病原菌仍然活跃。早春低温高湿条件下，发病较重。在适宜温度下，湿度和降雨情况是灰霉病流行的关键因素。土壤黏重、连作田、排水不良、种植过密、偏施氮肥等可导致发病加重。

病菌以菌丝、分生孢子或菌核在寄主病残体上与土壤中越冬和越夏。翌春条件适宜时，菌核萌发产生菌丝体，又产生分生孢子，或由菌丝、分生孢子随气流、雨水、浇水传播，重复为害。主要由伤口侵入，或直接穿透表皮侵入。菌核和病残体碎片也可混杂在种子间，远距离传播。

4. 防治方法

（1）选用抗病或轻病品种，合理轮作，配方施肥，高垄栽培，勤中耕，疏松土壤，及时排水，收获后及时清除田间病残体。

（2）在病害发生初期及时采用药剂防治。药剂可选用50%腐霉利可湿性粉剂1 500～2 000倍液、50%异菌脲可湿性粉剂1 000～1 500倍液、50%多菌灵可湿性粉剂500倍液、50%硫菌灵可湿性粉剂500倍液、70%代森锰锌可湿性粉剂400倍液、40%克菌灵可湿性粉剂600倍液、70%甲基硫菌灵可湿性粉剂1 000倍液、75%百菌清可湿性粉剂500倍液、20%三唑酮乳油1 000倍液、50%乙烯菌核利可湿性粉剂1 000～1 500倍液、2%嘧啶核苷类抗生素水剂200倍液喷雾。每隔7～10天喷1次，连喷2～3次。

四、大葱锈病

大葱锈病发生普遍，是大葱的主要病害，春末夏初开始发生。秋季为害最重。锈病多在大葱生育后期发生，通常为害不重。但若大面积连片种植感病品种或发病较早，可导致大流行，造成严重减产。

1. 症状

主要为害叶、花梗，有时也为害绿色茎部。初在寄主表皮下产生椭圆形稍隆起的橙黄色孢斑即夏孢子堆，后表皮破裂向外翻卷散出橙黄色粉末即夏孢子。到晚秋或环境条件不良时则形成黑褐色孢子堆，多为纺锤形，病部表皮破裂后散出黑色孢斑即冬孢子堆。发病严重时，葱叶上布满大大小小病斑，造成叶梗干枯。

2. 病原

该病菌为柄锈菌属葱柄锈菌，属担子菌亚门真菌。单主寄生。除葱柄锈菌外，还有18种锈菌为害葱类，多属于柄锈菌属和单胞锈菌属。

3. 发病规律

该病菌孢子萌发适温 9 ~ 18℃，高于 24℃萌发率明显下降，潜育期 10 天左右。气温低的年份、肥料不足及生长不良发病重。温暖和温度略偏低而湿度高易于发病。

北方以冬孢子在病残体上越冬，南方以夏孢子在葱蒜韭菜等寄主上辗转为害，或在活体上越冬，翌年夏孢子随气流传播进行初侵染和再侵染。夏孢子萌发后从寄主表皮或气孔侵入。

4. 防治方法

（1）选用抗病品种，淘汰高度感病品种，避免葱属蔬菜连作或间作套种。加强水肥管理，增强植株生长势和抗病能力。雨后及时排水，降低田间湿度。发病严重田块适时早收。

（2）农业防治。大葱喜肥，应施足有机肥，增施磷、钾肥，小水勤浇，提高植株抗病能力。移栽时剔除病苗弱苗，摘除病叶，清除病残体。

（3）药剂防治。发病初期喷洒 12.5% 烯唑醇可湿性粉剂 1 000 倍液，或 50% 萎锈灵乳油 800 倍，或 70% 代森锰锌可湿性粉剂 600 倍液，或 25% 戊唑醇乳油 3 000 倍液，隔 5 ~ 7 天喷 1 次，连喷 2 ~ 3 次。

五、大葱黑斑病

大葱黑斑病又称大葱叶枯病，全国各地均有发生。主要为害叶片和花梗，采种株更易发病。它是大葱的主要病害，严重时可导致叶片大量黄枯。

1. 症状

主要为害叶和花梗，发病初期出现黄白色长圆形病斑，而后迅速向上、下扩展，呈棱形，黑褐色，边缘有黄色晕圈，病斑上略显轮纹。后期病斑上密生黑色绒毛状霉层。发病严重时，使叶、花梗变黄枯死并折断。花茎和花序受害变色黄枯。该病常与紫斑病混合发生。

2. 病原

病原物是匍柄霉，属半知菌亚门真菌。有性阶段称枯叶格孢腔菌，属子囊菌亚门真菌。

3. 发病规律

发病适温 23～28℃，低于 12℃或高于 36℃不适于发病或发病缓慢。产孢需要 85%以上的湿度，萌发和侵入都需有水膜存在。温暖多湿的季节发病重。田间不洁，遗留病残体多，施用未腐熟有机肥、连茬、土壤黏重、低洼积水等都有利于黑斑病发生。

4. 传播途径

病菌以子囊座随病残体在土壤中越冬，以子囊孢子进行初侵染，靠分生孢子进行再侵染，孢子随气流和雨水传播蔓延。孢子萌发后产生侵染菌丝，经气孔、伤口或直接穿透叶表皮而侵入。

5. 防治方法

（1）与其他作物进行 3 年以上轮作。施用腐熟有机肥，避免偏施氮肥，培育无病壮苗，严防病苗入田。

（2）及时清除被害叶片和花梗，拔除病株。加强田间管理，合理密植，雨后及时排水，提高寄主抗病能力。

（3）于发病初开始喷洒 50%异菌脲可湿性粉剂 1 500 倍液或 50%多菌灵可湿性粉剂 500 倍液，或 50%琥胶肥酸铜可湿性粉剂 300 倍液，或 70%甲基硫菌灵可湿性粉 800 倍液或 70%代森锰锌可湿性粉剂 600 倍液，隔 7～10 天防治 1 次，连续 3～4 次。

六、大葱软腐病

大葱软腐病是大葱生产上的主要病害，主要为害鳞茎，一般发病率在 10% 左右，严重时可达 20% 以上，严重影响大葱产量。

1. 症状

田间鳞茎膨大期，在 1～2 片外叶的下部产生半透明灰白色斑，叶鞘基部软化腐败，致外叶侧折，病斑向下扩展。叶片发黄、瘦弱，叶尖干枯，整个植株皱缩不长，根毛发黄，根系变褐坏死。鳞茎部表皮有暗褐色霉层，后内部开始腐烂，散发出一种难闻的气味，引起全株倒伏。贮藏期多在茎部发病，鳞茎水浸状，流出白色汁液。

2. 病原

该病菌称胡萝卜软腐欧氏杆菌胡萝卜软腐致病型，属细菌。除为害葱外，还可侵染白菜、甘蓝、芹菜、胡萝卜、马铃薯等。

3. 发病规律

最适合软腐病病菌生长的温度为 25～30℃。但是软腐病病菌耐寒，可在大葱的鳞茎中越冬。软腐病的发生还和大葱的栽培品种、低洼地种植、连作或植株徒长、高温高湿等因素有关。

大葱田间的病残体、土壤、未腐熟的肥料和有害昆虫都是软腐病的病源。也就是说软腐病的病菌既能通过施肥，雨水或灌溉水传播蔓延。也能经过鳞茎上的伤口侵入，还能通过葱蓟马、潜叶蝇等害虫传播病菌。

4. 防治方法

（1）选择中性土壤育苗，培育壮苗，适期早栽，勤中耕，浅浇水，防止氮肥过多。

（2）及时防治葱蓟马、美洲斑潜蝇或地蛆等。

（3）发病初期喷洒 50% 琥胶肥酸铜可湿性粉剂 500 倍液，或 77% 可杀得微粒可湿性粉刑 500 倍液、12% 绿乳铜乳油 500 倍液或 14% 络氨铜水剂 300 倍液、72% 农用硫酸链霉素可溶性粉剂 4 000 倍液等药剂，视病情隔 7～10 天喷 1 次，防治 1 次或 2 次。

七、西花蓟马

西花蓟马是一种为害性极大的外来入侵害虫。寄主植物非常广泛，目前已知的有 200 多种，近几年，蓟马在我国北方设施栽培作物上严重发生，尤其是对设施蔬菜为害较大。

1. 学名

Frankliniella occidentalis，属于缨翅目，蓟马科。

2. 别名

苜蓿蓟马等。

3. 为害特点

该虫以锉吸式口器取食植物的茎、叶、花、果，导致花瓣褪色、叶片皱缩，叶片、茎及果有时易形成伤疤，最终可使植株枯萎，同时，还能传播包括番茄斑萎病毒在内的多种病毒。

4. 发生规律

西花蓟马繁殖能力很强，个体细小，极具隐匿性，一般田间防治难以有效控制。在温室内的稳定温度下，一年可连续发生 12～15 代，雌虫行两性生殖和孤雌生殖。在 15～35℃均能发育，从卵到成虫只需 14 天；27.2℃产卵最多，一只雌虫可产卵 229 个，在通常的寄主植物上，发育迅速，且繁殖能力极强。

西花蓟马远距离扩散主要依靠人为因素。种苗、花卉及其他农产品的调运，尤其是切花运输及人工携带是其远距离传播的主要方式。其生存能力强，经过辗转运销到外埠后西花蓟马仍能存活。另外，该害虫也很容易随风飘散，易随衣服、运输工具等携带传播。

5. 防治方法

（1）农业防治。清除菜田及周围杂草，减少越冬虫口基数，加强田间管理，增强植物自身抵抗能力，能较好地预防西花蓟马的侵害。干旱植物更易受到西花蓟马的入侵，因此，保证植物得到良好的灌溉就显得十分重要。另外，高压喷灌利于驱赶附着在植物叶片上的西花蓟马，能减轻其为害。

（2）物理防治。利用西花蓟马对蓝色的趋性，可采取蓝色诱虫板对西花蓟马进行诱集，效果较好。

（3）生物防治。利用西花蓟马的天敌蜘蛛及钝绥螨等可有效控制西花蓟马的数量。如在温室中每7天释放钝绥螨200～350头/平方米，可完全控制其为害。释放小花蝽也有良好的效果。这些天敌在缺乏食物时能取食花粉，所以，效果比较持久。

（4）药剂防治。药剂可选用10%虫螨腈乳油2 000倍液或5%氟虫腈悬浮剂1 500倍液或10%吡虫啉可湿性粉剂2 000倍液等喷雾。喷洒农药时，一要注意不同的农药交替使用以削弱其抗药性，二要注意使用的间隔期及浓度。一般而言，一种农药以使用2个月为佳。这样可减轻化学杀虫剂的选择压力，延缓害虫抗药性的产生。

第十一章　大蒜主要病害及防治技术

一、大蒜紫斑病

紫斑病又名黑斑病，除为害大蒜外，还为害大葱、洋葱等葱蒜类蔬菜。我国南北各蒜区均有发生。

1. 症状

病菌主要为害葱蒜类蔬菜的叶部，大葱和洋葱的花梗也易染病。最初在叶或花梗上出现白色、稍凹陷的小斑点，病斑中央呈浅紫色。以后病斑很快扩大为椭圆形或纺锤形，紫色，稍凹陷。2~3周后，病斑上产生黑色霉状物，即分生孢子，常形成同心轮纹。如果条件适宜，病斑继续扩大，绕叶或花梗一圈，使叶或花梗折断。染病鳞茎收获后，常从假茎基部发病，形成软腐，病部颜色为深黄色或红色。

2. 病原

病原菌属半知菌亚门真菌。

3. 发病规律

分生孢子在高湿条件下形成。孢子萌发和侵入需具露珠或雨水。发病适温 25~27℃ ，低于 12℃ 不发病。一般温暖、多雨或多湿的夏季发病重。

病菌以菌丝体或分生孢子附着在病株残体上及土壤中越冬或直接以分生孢子越冬。分生孢子萌芽后，借风、雨从植株叶片的气孔或伤口入侵。潜育期 1~4 天。

4. 防治方法

（1）播种前种瓣用 40～45℃ 温水浸泡 1.5 小时；或用 50% 多菌灵粉剂拌种，药剂用量为种瓣重量的 0.5%；或用 40% 多菌灵胶悬剂 50 倍液浸种 4 小时，预防种瓣带菌。

（2）实行 3～4 年轮作，避免与葱蒜类蔬菜连作。

（3）发病初期喷布 70% 代森锰锌可湿性粉剂 400 倍液，或 75% 百菌清可湿性粉剂 500 倍液，或 40% 灭菌丹可湿性粉剂 400 倍液，或 64% 杀毒矾可湿性粉剂 400～500 倍液。

二、大蒜叶枯病

叶枯病不但为害大蒜，而且为害大葱、洋葱、韭菜等葱蒜类蔬菜。在国内分布广，为害重，损失很大。

1. 症状

叶枯病主要为害叶片和蒜薹，多从下部老叶尖端开始发病。发病初期病斑呈水渍状，叶色逐渐减退，叶面出现灰白色稍凹陷的圆形斑点。病斑扩大后变为灰黄色至灰褐色，空气湿度大时为紫黑色，病斑表面密生黑褐色霉状物，即分生孢子梗和分生孢子，最后散生小黑点，即子囊壳。病斑形状不整齐，有梭形和椭圆形。病斑大小不一，小的直径仅 5～6 毫米，大的可扩展到整个叶片。发病部位由下部叶片向上部叶片扩展蔓延。蒜薹一抽出就可染病，病斑和叶片上一致。发病严重时，地上部提早枯死，花薹不易抽出甚至枯黄，使蒜头和蒜薹产量降低；蒜头因未充分成熟，不耐贮藏；染病蒜薹不但外观品质大大降低，而且在冷藏期间病部失水凹陷或腐烂断条。

2. 病原

病原菌匍柄霉，属半知菌亚门真菌。

3. 发病规律

叶枯病菌为弱寄生菌，生长健壮的植株不易染病。常与紫斑病同时发生。雨量多、湿度大、气温高、缺肥、植株早衰的田块发病较严重。

4. 传播途径

以菌丝体或子囊壳在病株残体或土壤中越冬。借风、雨、流水、种瓣、肥料、人、畜、工具等媒介传播。

5. 防治方法

（1）加强栽培管理，培育健壮植株，增强抗病力。

（2）加强田间排水及松土保墒工作，降低田间湿度，控制发病条件，田间操作时避免损伤叶片，以减少伤口。

（3）及时发现病株，收集后烧毁或深埋。

（4）播种前种瓣用 40～50℃温水浸泡 1.5 小时，预防种瓣带菌。

（5）发现中心病株后，喷 70%甲基托布津可湿性粉剂500～600 倍液，或 75%百菌清可湿性粉剂 500 倍液，或 50%敌枯唑可湿性粉剂 1 000 倍液，或 10%杀枯净可湿性粉剂 1 000 倍液。为增强药液在叶片上的附着力，药液中可加入 0.1%的洗衣粉。

三、大蒜菌核病

大蒜菌核病是大蒜上重要病害，分布普遍，为害严重。严重影响大蒜的产量和品质。

1. 症状

主要为害近地面假茎基部或贮存的鳞茎。病初呈水渍状，出现圆形小点，后发展为不规则状，致假茎变为黄褐色腐烂或倒折；干燥条件下，病部发白易破碎蒜瓣露出，在病部可见薄片状黑褐色菌核 8～23 个或更多，致鳞茎萎缩，影响产量和质量。

2. 病原

该病菌称大蒜核盘菌，属子囊菌亚门真菌。

3. 发病原因

在温度为20℃左右、土壤湿度较大时，发生严重。所以，在晚春至初夏温暖而高湿时容易发病。播种早、连作、地势低洼、排水不良以及靠近河道的田块发病较重。

大蒜菌核病主要以菌核遗留在土壤中或混在蒜种和病残体上越夏或越冬。混杂在大蒜种和病残体上的菌核则随着播种落入土中。播种早的年份，少数菌核秋季就能萌发，使幼苗发病。一般在春季2月下旬以后，土壤中的菌核陆续产生子囊盘，子囊孢子成熟后从子囊中射出，侵入假茎基部形成菌丝体。在其代谢过程中产生果胶酶，溶解寄主细胞的中胶层，使病茎腐烂，以后菌丝体从病部向周边扩展蔓延，最后在病组织上形成菌核，随收获落入土中或留在蒜头上成为第二年的侵染源。

4. 防治方法

（1）因地制宜种植抗病品种。

（2）与非寄主植物实行轮作5年以上，最好与小麦轮作。

（3）适期播种，合理密植，采用高畦种植，注意通风透气；科学施肥，增施磷、钾肥，培育壮苗；适时灌溉，注意排灌结合；田间发现病株及时拔除，收获后结合深翻整地清洁田园，减少来年菌源。

（4）选取健康无病的大蒜留种。秋种时先用50%多菌灵粉剂或70%甲基托布津粉剂，按种子量的0.3%对适量水均匀喷布种子，闷种4~6小时，晾干后即可播种。

（5）药剂防治。可选用50%速克灵粉剂1 300倍液，或50%菌核净可湿性粉剂500倍液喷雾进行防治，施药时每喷茎基部，隔5~8天喷1次，连续防治2~3次。

四、大蒜茎腐病

大蒜茎腐病为害逐年加重，现已上升为大蒜的主要病害，严重影响大蒜的产量和品质。

1. 症状

主要表现在叶片和鳞茎上。发病从外部叶片开始，逐渐向内侵染，初期鳞茎以上外部叶片发黄，根系不发达。后期鳞茎腐烂枯死，病部表皮下散生褐色或黑色小菌核。

2. 病原

病原菌是子囊菌亚门核盘菌。

3. 发病规律

一般温度在20℃左右，相对湿度在85%以上，有利于该病发生。当春季气温达到6℃后，菌核陆续萌发，气温在14℃左右，形成第一个浸染高峰。发病高峰多在4月下旬。春季雨水多或浇水过勤，膜下相对湿度高，常使病情加重。地势低洼，排水不良，多年重茬地发病较重。

病菌主要以菌核在土壤中或混在病残体、蒜种中越夏或越冬。混杂在病残体、蒜种中的菌核则随着施肥播种落入土中。播种早的年份，少数菌核秋季就能萌发，使幼苗发病。春季3月上旬平均气温达到6~7℃时，土壤中的菌核陆续产生子囊盘。子囊孢子成熟后从子囊中射出，侵入茎基部而形成菌丝体，以后菌丝体从病部向周边扩展蔓延，在病组织上形成菌核，随收蒜落入土中或留在蒜头上，成为第二年的侵染源。

4. 防治方法

（1）选用个大、健康、均匀或经脱毒的优质蒜种。

（2）对发病重的地块实行与小麦轮作。

（3）加强田间管理，适时足墒播种，合理密植，施足基肥，多施土杂肥，做到氮、磷、钾肥合理搭配，提高植株抗病能力，雨后及时排水，及时清除病残体，减少田间病源。

（4）在春季发病初期用96%恶霉灵原粉3 000倍液或50%醚菌酯水分散粒剂1 000倍液、或40%多菌灵可湿性粉剂600倍液或70%甲基托布津可湿性粉剂800倍液等喷雾防治，上述药剂交替使用，隔7~8天喷1次，连喷2~3次，效果更佳。

五、大蒜灰霉病

大蒜灰霉病在武汉郊区及三峡地区发病逐年加重，发病率在50%~80%，高者达90%以上。发生严重的年份一般减产20%~30%，可见对灰霉病的防治应引起足够的重视。

1. 症状

大蒜灰霉病多发生在植株生长的中后期和蒜薹贮藏期。从下部老叶尖端开始发病。病斑开始为水渍状，以后变为白色至浅灰褐色。病斑扩大后成为沿叶脉扩展的梭形或椭圆形，后期连接成长条形大病斑，湿度大时，病斑表面密生灰色至灰褐色、线毛状的霉层。严重时全叶枯死。枯叶表面有不规则形的黑色菌核。下部老叶发病后，可继续蔓延至叶鞘及上部叶片，乃至整株叶片，使假茎甚至鳞茎腐烂，病部可见灰霉及黑色菌核。冷库贮藏的蒜薹先从梢部开始发病，以后向下蔓延，造成蒜薹腐烂。

2. 病原

病原菌为葡萄孢属葱鳞葡萄孢菌，属半知菌亚门真菌。

3. 发病规律

大蒜灰霉病的发生除了与品种抗性有关外，还受气候、土质及栽培技术的影响。春季降雨多，田间湿度大；土质黏重，透水性差；种植密度过大，田间通风透光不良；播期过晚，苗子长势差；偏施氮素化肥，植株抗病力减弱等有利于病菌繁殖和传播。

在冷库中贮藏的蒜薹，当库温变化大、塑料袋中湿度大结成水滴时，也易发生灰霉病。

大蒜灰霉病菌主要以菌核在土壤中越过冬、夏，以后借散落在土壤表层或附着在病株残体上的灰霉（分生孢子梗和分生孢子）在田间传播蔓延。风雨、流水、工具及田间操作都可以成为病菌传播的媒介。

4. 防治方法

（1）选用抗病品种。如鲁山白、二水早、嘉定白蒜、安丘大蒜等品种。

（2）选择地下水位低、土壤排水性良好的地段种植。整平畦面，设排水沟，防止田间积水。

（3）施用有机肥作基肥，增施磷、钾肥，避免过量施用氮肥及灌水，合理密植，防止植株徒长。

（4）田间发现中心病株后，及时拔除并喷布50%托布津可湿性粉剂500~600倍液，或50%速克灵可湿性粉剂1 500倍液，或50%扑海因可湿性粉剂1 000倍液。

（5）贮藏蒜薹的冷库和其中的货架，在使用前喷1%~2%的福尔马林溶液或0.3%~0.5%的漂白粉溶液消毒。

六、大蒜病毒病

大蒜病毒病是世界性病害，也是对大蒜为害性最大、发病率最高的一种病害。病毒一旦侵入植株体内，不但对当代有影响，而且鳞茎母体带毒后便以垂直传染方式传递给后代，导致种性退化。此外，田间还有许多传毒媒介，如蚜虫、蓟马、线虫及瘿螨等，又可将病株中的病毒传给健康的植株，因此，病毒传染率不断扩大，导致大蒜严重减产。

1. 症状

大蒜病毒病发病症状主要有叶片出现黄色条纹；叶片扭曲、开裂、折叠，叶尖干枯、萎缩；植株矮小，瘦弱，心叶停止生长，根系发育不良、呈黄褐色；不抽薹或抽薹后蒜薹上有明显的黄色斑块，严重时蒜果变小僵硬。

2. 病原

大蒜病毒病主要有两种：一种是植株矮化，叶变黄后萎蔫，不结鳞茎，完全无收成。另一种染病后植株叶片呈现浓绿与浅黄线条之嵌纹病症，影响光合作用，并导致鳞茎膨大。

3. 发病规律

高温干旱、植株生长不良时，症状严重；水、肥充足，植株生长健壮时，症状较轻。

4. 传播途径

蚜虫和蓟马的传毒方式是用刺吸式口器从病株中吸取带毒液汁，成为病毒携带者，再通过刺吸式口器将病毒传送到其他植株中。线虫的传毒方式是用吻针刺入病株组织吸取营养汁液时带毒，再为害健株，将病毒传入。瘿螨主要为害贮藏的蒜头，其传毒方式是以螨体前端的喙，刺入带毒蒜瓣后，螨体带毒，再为害其他蒜瓣，将病毒传入。据观察，将被瘿螨为害的蒜瓣播种后，田间幼苗或植株呈现各种带病症状者高达90%以上。

5. 防治方法

（1）选择抗（耐）病良种，大力推广脱毒大蒜。

（2）及时拔除病株，减少毒源。

（3）避免与葱类、韭菜等葱属作物连（邻）作。

（4）搞好肥水管理，及时中耕除草。

（5）挂银灰色膜条，避蚜防病。

（6）发病初期，用药防治。药剂可选用20%盐酸吗啉胍可湿性粉剂 500 倍液或抗毒剂 1 号水剂 200 ~ 300 倍液等，10 天左右防治 1 次，视病情连喷 2 ~ 3 次。喷雾与灌根相结合，效果更佳。

第十二章　韭菜主要病虫害及防治技术

一、韭菜疫病

又名烂韭菜，6~8月高温多雨条件下，从苗期到移栽后大田生长期均可发病，以假茎和鳞茎受害最重。轻者减产10%~20%，重者减产达30%以上，是韭菜主要病害。此外，韭菜疫病病菌还可为害大葱、大蒜、洋葱等蔬菜。

1. 症状

主要为害假茎、鳞茎、叶、根等部位。叶片被害，多从下部开始发病。开始产生暗绿色、水渍状、周缘不明显的病斑，以后扩大到叶子的1/2左右时，全叶变黄、下垂，天气潮湿时，病斑呈软腐状，病部产生灰白色霉状物。假茎被害，呈水渍状浅褐色软腐，叶鞘容易剥下。鳞茎被害时，根部呈水渍状，浅褐色至暗褐色，易腐烂，切开鳞茎，内部组织呈浅褐色，生长受到抑制。根部被害后呈褐色腐烂，根毛明显减少，影响水分、营养吸收，根的寿命缩短，很少发新根，生长势明显减弱，最后停止生长或萎蔫枯死。

2. 病原

该病菌为烟草疫霉，属鞭毛菌亚门真菌。

3. 发病原因

发病的最适温度为25~32℃，相对湿度达93%以上。有水滴或有露水的水膜存在时，利于孢子囊的产生和萌发，发病严重。

病菌主要以菌丝体、卵孢子及厚垣孢子随病残体在土壤中越冬，翌年条件适宜时，产生孢子囊和游动孢子，借风雨或水流传播，萌发后以芽管的方式直接侵入寄主表皮。发病后湿度大时，又在病部产生孢子囊，借风雨传播蔓延，进行重复侵染。

4. 防治方法

（1）轮作栽培。育苗地应选择 3 年内未种过葱蒜类蔬菜的地块。

（2）平整土地。及时整修排涝系统，大雨后畦内不积水，消灭涝洼坑。

（3）培育健壮植株。如采取栽苗时选壮苗，剔除病苗，注意养根，勿过多收获，收割后追肥，入夏后控制灌水等栽培措施，可使植株生长健壮。

（4）束叶。入夏降雨前应摘去下层黄叶，将绿叶向上拢起，用马蔺草松松捆扎，以免韭叶接触地面，这样植株之间可以通风，防止病害发生。

（5）药剂防治。发病初期可选用 25% 甲霜灵可湿性粉剂 600～800 倍液、64% 杀毒矾可湿性粉剂 500 倍液，每 10 天喷 1 次，连喷 2～3 次。

二、韭菜灰霉病

韭菜灰霉病俗称"白点"病，是韭菜上常见的病害之一，各菜区普遍发生。冬春低温、多雨年份为害严重。严重时常造成叶片枯死、腐烂，不能食用，直接影响产量。

1. 症状

主要为害叶片，初在叶面产生白色至淡灰色斑点，随后扩大为椭圆形或梭形，后期病斑常相互联合产生大片枯死斑，使半叶或全叶枯死。湿度大时病部表面密生灰褐色霉层。有的从叶尖向下发展，形成枯叶，还可在割刀口处向下呈水渍状淡褐色腐烂，后扩展为半圆形或"V"字形病斑，黄褐色，表面生灰褐色霉层，引起整簇溃烂，严重时成片枯死。

2. 病原

该病菌称葱鳞葡萄孢菌，属半知菌亚门真菌。

3. 发病规律

低温高湿、光照不足是灰霉病发生蔓延的主要条件。温度在15~21℃，空气相对湿度在85%以上，病害容易流行。棚内温度连续数日处于忽高忽低情况时，可降低韭菜的抵抗力，发病重。氮肥过多、磷钾肥不足、营养不协调的韭菜田，容易发病。田间管理差、韭菜长势弱、抗病性差的田块，也容易发病。长期连作有利于病原菌的积累，发病严重。

灰霉病病菌随发病寄主越冬或越夏，也能以菌丝体和菌核在田间病残体上与土壤中越夏或越冬，成为侵染下一季寄主植物的主要菌源。生长期中病株产生分生孢子随气流、灌溉水和农事操作而分散，引起多次重复侵染。收割韭菜不仅有助于孢子分散传播，而且所造成的伤口，是病原菌侵入的门户，因而头刀韭菜发病较轻，2~3刀韭菜发病逐渐加重。

4. 防治方法

（1）选用抗病品种。791雪韭、寒冻韭、竹竿青、嘉兴白根、铁丝苗、黄苗、中韭2号、金勾、汉中冬韭等品种发病较轻。

（2）增施农家肥和磷钾肥。大量单一施用氮肥也是引发灰霉病的重要条件。所以在施足氮肥的同时，应配施磷、钾肥，这是防治灰霉病发生争取高产的物质基础。

（3）控温降湿。根据天气变化情况，进行通风降温、降湿。通过放风调控，使棚室内的最高温度不到25℃，昼夜温差不超过 10℃，棚内相对湿度控制在 70% 以下。

（4）清理病老叶。每次收割韭菜时，要将割下的部分全部带出棚外，然后再清理捆扎，对清理下来的病叶、老叶等，要集中深埋。

（5）轮作倒茬。重病田应与十字花科、葫芦科等蔬菜轮作 2 ~ 3 年，不可与葱及大蒜轮作。

（6）药物防治。在发病初期可选用 50% 异菌脲可湿性粉剂 1 200 倍液，或 50% 嘧霉胺可湿性粉剂 1 000 倍液喷雾防治，每隔 7 ~ 10 天喷 1 次，连喷 2 ~ 3 次，防治效果较好。其次大棚内可选用 10% 速克灵烟剂或 45% 百菌清烟剂熏烟防治。每亩用烟剂 250 ~ 300 克，分放 8 ~ 10 个点，用暗火烟熏 3 ~ 4 小时，防治效果明显。

三、韭菜茎枯病

韭菜茎枯病又称韭菜叶斑病，主要为害花茎，是韭菜制种期间的主要病害，发生严重时，叶片枯死，花茎大量折倒，造成减产。

1. 症状

主要为害花茎，有时也为害叶片。茎部发病初现褪绿长椭圆形病斑，大小（18 ~ 30）毫米 × （2.5 ~ 4.5）毫米，后全部变为灰白色，上密生小黑点，即病原的分生孢子器。叶片发病，叶两面病斑梭形或长椭圆形，边缘不清，后现小黑点，严重的叶片枯死，花茎折倒。

2. 病原

该病菌称葱壳针孢，属半知菌亚门真菌。

3. 发病规律

种植密度大、通风透光不好，则发病重，氮肥施用太多，生长过嫩，抗性降低易发病。土壤黏重、偏酸；多年重茬，田间病残体多，发病重；肥力不足、耕作粗放、杂草丛生的田块，植株抗性降低，发病重。种子或种根带菌、肥料未充分腐熟、有机肥带菌或肥料中混有本科作物病残体的易发病。大棚栽培的往往为了保温而不放风、排湿，引起湿度过大的易发病。地势低洼积水、排水不良、土壤潮湿易发病，高温、高湿、多雨、日照不足易发病。

病菌以菌丝体或分生孢子器在病残体上越冬。翌年条件适宜时，分生孢子器吸水后，溢出分生孢子，借风雨传播蔓延，进行初侵染，经几天潜育显症后，又产生新的分生孢子进行再侵染。

4. 防治方法

（1）种植优良品种，合理轮作，定植大田应选择肥沃、有机质较足的田块，定植前应浇透水、施足基肥，每亩施充分腐熟的农家肥 3 000 千克、45%复合肥 30 千克。

（2）加强韭菜园田间管理，及时拔除杂草，合理浇水、追肥，促植株稳生稳长，缩短割韭周期，改善株间通透性，有助于减轻发病。

（3）药剂防治，防治初期应根据植保要求喷施 40%百菌清悬浮剂 500 倍液、70%代森锰锌可湿性粉剂 500 倍液等针对性药剂进行防治。注意在采收前 7 天停止用药。

四、韭菜软腐病

韭菜软腐病又叫黑根病，一般湿度大或遭受冻害的冬季保护地发生，可给韭菜生产造成极大威胁，重茬的地块发病明显偏重。

1. 症状

主要为害叶片及茎部。叶片、叶鞘初生灰白色半透明病斑，扩大后病部及茎基部软化腐烂，并渗出黏液，散发恶臭，严重时成片倒伏死亡。

2. 病原

称胡萝卜软腐欧氏菌，胡萝卜软腐致病变种，属细菌。

3. 发病规律

（1）大棚栽培的往往为了保温而不放风、排湿，引起湿度过大，易发病。

（2）地势低洼积水、排水不良、土壤潮湿易发病，高温、高湿、多雨、日照不足易发病。

（3）早春温暖多雨或夏天连阴雨后骤晴，气温迅速升高时易发病；连续三天大雨或暴雨易发病；秋季多雨、多雾、重露或寒流来早时易发病。

病原细菌主要随病残物遗落土中或未腐熟堆肥中越冬。南方菜区，寄主作物到处可见，田间周年都有种植，侵染源多，病菌可辗转传播为害，无明显越冬期。在田间借雨水、灌溉水溅射及小昆虫活动传播蔓延，从伤口或自然孔口侵入。

4. 防治方法

（1）禁止施用未经充分腐熟的有机肥。

（2）发病初期及时清除个别病株深埋，并在病区撒石灰粉杀菌。

（3）化学防治。发现中心病株及时用药，主要有碱式硫酸铜悬浮剂 300～400 倍液，或 50% 琥胶肥酸铜可湿性粉剂 500 倍液，或 47% 加瑞农可湿性粉剂 800～1 000 倍液，或 72% 农用硫酸链霉素可湿性粉剂 4 000 倍液、77% 可杀得 500 倍液，每 5～7 天灌根 1 次，交替使用，连续用药 4～5 次。

五、韭菜枯萎病

俗称"塌韭菜"，夏季高温季节，雨后暴晴时可能在 2 ~ 3 个小时内突然暴发。发生枯萎病的韭菜产量和品质都可受到影响，严重时造成绝产。

1. 症状

发病初期叶片中部或接触地面的叶尖部出现水烫样的症状，严重时所有叶片都呈烫伤状，继而完全枯死。发病后的根株虽可萌生新株，但有时再萌发的韭菜仍然会继续发病。

2. 病原

称尖镰孢菌洋葱专化型，属半知菌类真菌。

3. 发病规律

病菌在高温、地面积水、连阴雨或暴雨后骤晴的情况下易发病。特别是雨后骤晴时，可在 2 ~ 3 个小时内突然发病。此外，在韭菜株龄过老，收割过早、过频，根茎内积累养分过少，培土过高，植株衰弱时，都易发生此病。

4. 传播途径

病菌以厚垣孢子残存在土壤中。土壤菌量高，种子也可带菌。病菌在葱茎盘附近死组织及枯死根中繁殖，后经鳞茎伤口侵入葱株体内，引起发病。

5. 防治方法

（1）合理轮作。定植大田应选择肥沃、有机质较足的田块，定植前应浇透水、施足基肥，每亩施充分腐熟的农家肥 3 000 千克、45% 复合肥 30 千克。

（2）加强管理。在养根期间，适当控制水分，避免徒长，及时排涝；热闷雨后要抓紧用井水轻浇快浇，以降低地面温度。同时，喷施新高脂膜 800 倍液形成一层保护膜，防止病菌借气流

— 181 —

侵入。

（3）药剂防治。发病初期应根据植保要求用75%百菌清可湿性粉剂600倍液，或58%甲霜灵锰锌可湿性粉剂500倍液等针对性药剂喷雾防治，每隔5~7天，连喷2~3次；并喷施新高脂膜800倍液增强药效，提高药剂有效成分利用率，巩固防治效果。

六、韭菜病毒病

春季发芽或生长时开始显症，高温干旱蚜虫发生时发病重。

1. 症状

韭菜病毒病属系统侵染病害，引起发病的病毒为韭菜萎缩病毒。病毒主要在韭菜根部越冬，春季韭菜发芽或生长时，病毒扩展到地面的叶片中，开始显症；发病初期植株生长缓慢，植株叶片变窄或披散，叶色褪绿，沿叶脉形成变色黄带呈条状。后期叶尖黄枯，发病重的植株矮小或萎缩，最后枯死。

2. 病原

该病菌称韭菜萎缩病毒，属病毒。寄主仅限于韭菜、葱、洋葱等。

3. 发病规律

晚秋不凉，暖冬，干旱；翌年春天气温回升早，少雨，有利于蚜虫、灰飞虱等害虫越冬和繁殖及为害传毒；氮肥施用太多，生长过嫩，播种过密、株行间郁蔽；多年重茬、肥力不足、耕作粗放、杂草丛生的田块；天气持续高温、干旱，田间蚜虫多；与烟草、黄瓜、桃树相邻的田块，互相传毒，交叉感染的发病重。

韭菜萎缩病毒主要在韭菜根部越冬，翌年春季韭菜发芽或生长时，病毒扩展到地面的叶片中，开始显症，该病毒可在割韭菜时通过割刀进行汁液接触传播蔓延，致该病迅速扩展，此外病毒还可通过葱蚜、桃蚜等传播媒介进行远距离传播。一般葱蚜、桃蚜吸食带毒的寄主5~20分钟就能获毒进行有效传播，传毒是非持久性的，种子不带毒、土壤也不传毒。韭菜生长季节遇有高温和干旱易发病，蚜虫量大时发病重。

4. 防治方法

（1）种植791、平韭2号等优良品种。发现病毒株后，要及时把整墩发病韭菜挖出，集中深埋或烧毁，控制毒源，防止扩大。

（2）收割韭菜时，先割健株、后割病株，防止割刀接触病株扩大传染，割刀接触病株后，应把割刀浸入10%磷酸三钠溶液中进行消毒，也可同时用4~5把刀，每割数墩后，集中浸入上述溶液中消毒。

（3）加强韭菜田肥水管理，及时拔除韭菜田中杂草。

（4）发现葱蚜或桃蚜为害韭菜，要及时喷洒50%抗蚜威超微可湿性粉剂3 000~4 000倍液，及时消灭传毒蚜虫。

（5）发病初期及时喷洒5%菌毒清可湿性粉剂400倍液或20%毒克星（盐酸吗啉胍铜）可湿性粉剂500倍液等药剂，隔7~10天1次，连续防治2~3次。采收前3天停止用药。

七、韭菜迟眼蕈蚊

韭菜迟眼蕈蚊在大蒜、韭菜种植区普遍发生，为害盛期在秋季和次年春季，以春季5月上中旬第一代幼虫为害最重。韭菜迟眼蕈蚊对大蒜的为害一般损失10%~30%，甚至更高。

1. 学名

Bradysia odoriphaga Yang et Zhang，双翅目，眼蕈蚊科。

2. 别名

黄脚蕈蚊、蒜蛆、地蛆、韭蛆等。

3. 为害特点

大蒜根蛆主要以幼虫在叶鞘基部和鳞茎等部位为害。霉烂的蒜梗易吸引成虫，是大蒜根蛆大发生的重要条件。幼虫蛀入大蒜鳞茎取食蒜肉，为害不太严重时表皮完好，仅留钻蛀孔，为害严重时造成蒜头中空、腐烂，地上部叶片枯黄、萎蔫，甚至死亡。

4. 发生规律

每年发生 3～4 代，以蛹在土中或粪堆中越冬。翌年早春成虫大量出现，早、晚躲在土缝中，天气晴暖时很活跃。成虫喜欢集中在腐烂发臭的粪肥上，并在上面产卵或在蒜苗根部叶鞘缝内及鳞茎上产卵，卵期 3～5 天，孵化后迅速钻入鳞茎中为害。蛀食心叶部，使组织腐烂、叶片枯黄、萎蔫乃至成片死亡。一般春季为害重。大蒜在烂母时期发出特殊臭味，招致葱蝇在表土中产卵，所以大蒜在烂母期受害最为严重。

5. 防治方法

（1）与小麦等作物倒茬，切忌连作。

（2）有机肥必须经过高温发酵，充分腐烂后再施用。

（3）在堆放粪肥、圈肥时用 90% 敌百虫粉剂 150 克对水 50 升均匀喷雾，可收到杀灭及预防种蝇的效果。

（4）播种前剔除发霉、受伤、受热的蒜瓣，以免腐烂时招致葱蝇产卵，并用敌百虫或辛硫磷拌种、随拌随播。

（5）幼虫发生时可用 90% 敌百虫 800～1 000 倍液，装在喷雾器中，将喷头的旋水片取出把药液注入根部土壤中，可消灭早期幼虫。

第十三章 白菜主要病虫害
及防治技术

一、白菜霜霉病

霜霉病是大白菜三大重要病害之一，也是十字花科蔬菜的重要病害，发生严重时，可造成田间大量叶片干枯，损失严重。

1. 症状

白菜小苗被害，初在叶背面出现白色霜状的霉层，叶正面没有明显的病状，严重时幼苗及子叶变黄枯死。成株被害，叶背产生白色霜霉，叶正面现淡绿色的病斑，并逐渐转变为黄色至黄褐色。病斑扩大常受叶脉限制而成多角形。白菜进入包心期以后，若环境条件适合，病情发展很快，病斑迅速增加，使叶片连片枯。从植株外向内叶层层发展，层层干枯，最后只剩下一个叶球。在采种株上，症状出现在叶、花梗、花器及种荚上。受害花梗肥肿、弯曲，常称为龙头病。病部也能长出白霉。花器被害除肥大畸形外，花瓣变为绿色，久不凋落。种荚被害呈淡黄色，上生白霉，瘦小，不结实或结实不良。

2. 病原

本病由十字花科霜霉菌侵染所致，为鞭毛菌亚门霜霉属真菌。

3. 发病规律

温、湿度对霜霉病的发生与流行影响很大。病菌孢子囊的产生与萌发以较低的温度（7～13℃）为最适宜，侵入寄主的适温为 16℃，侵入以后菌丝体在寄主体内生长则要求较高的温度（20~24℃）。因此，病害易于流行的平均气温在 16℃ 左右，这一温度既有利于孢子囊萌发侵入，也有利于侵入后菌丝体的发展。

霜霉病整年都在各种寄主作物上辗转传播为害，不存在越冬和越夏的问题。卵孢子侵染白菜幼苗时，从幼茎侵入后能进行有限的系统侵染，即菌丝向上扩展达到子叶及第一对真叶内引起发病，但不能达到第二对真叶。

4. 防治方法

（1）选育抗病品种。

（2）种子消毒。种前可用 50% 福美双可湿性粉剂或 75% 百菌清可湿性粉剂拌种，用药量为种子量的 0.4%。

（3）加强田间管理。苗床注意通风透光，不用低湿地作苗床，结合间苗摘除病叶和拔除病株，蹲苗期不宜过长。低湿地采用高垄栽培，合理灌溉，合理施肥。包心后不可缺水、缺肥。收获后清洁田园，进行秋季深翻。

（4）药剂防治。发病初期或出现中心病株时，应即喷药保护。喷药必须细致周到，特别是老叶背面也应喷到。喷药后天气干燥，病情缓和，可不必再喷药；如果阴天、多雾、多露等天气，应隔 5~7 天后再继续喷药。常用药剂有 40% 乙膦铝可湿性粉剂 300 倍液、75% 百菌清可湿性粉剂 600 倍液、65% 代森锌可湿性粉剂 500 倍液、50% 敌菌灵可湿性粉剂 500 倍液或 50% 克菌丹可湿性粉剂 500 倍液等。

二、白菜软腐病

白菜软腐病又叫"烂疙瘩"，是大白菜生产中一种毁灭性病害，此病从白菜莲座期到包心后发生。一旦发生，防治不及时可成片绝收。

1. 症状

软腐病的症状因受病组织和环境条件不同，略有差异。一般柔嫩多汁的组织开始受害时，呈浸润半透明状，后变褐色，随即变为黏滑软腐状。比较坚实少汁的组织受侵染后，也先呈水渍状，逐渐腐烂，但最后患部水分蒸发，组织干缩。白菜在田间发病，多从包心期开始。起初植株外围叶片在烈日下表现萎垂，但早晚仍能恢复。随着病情的发展，这些外叶不再恢复，露出叶球。发病严重的植株结球小，叶柄基部和根茎处心髓组织完全腐烂，充满灰黄色黏稠物，臭气四溢，易用脚踢落。菜株腐烂有的从根髓或叶柄基部向上发展蔓延，引起全株腐烂；也有的从外叶边缘或心叶顶端开始向下发展，或从叶片虫伤处向四周蔓延，最后造成整个菜头腐烂。腐烂的病叶在晴暖、干燥的环境下，可以失水干枯变成薄纸状。

2. 病原

引起白菜软腐病的病原物为欧氏杆菌属的细菌。

3. 发病规律

软腐病多发生在白菜包心期以后，其重要原因之一是白菜不同生育期的愈伤能力不同。白菜幼苗期受伤，伤口3小时即开始木栓化，经24小时木栓化的，即可达到病菌不易侵入的程度。昆虫在白菜上造成伤口，有利于软腐病菌侵入。另一方面，有的昆虫体内外携带病菌，直接起了传染和接种的作用。气候条件中以雨水与发病的关系最大。白菜包心以后多雨往往发病严重。播种期早，白菜包心早，感病期也提早，发病一般都较重。白菜品种间存在抗病性的差异。疏心直筒的品种由于外叶直立，垄间不荫蔽，通风良好，在田间发病比外叶贴地的球形牛心形的品种发病轻。多数柔嫩多汁的白帮儿品种，抗病性都不如青帮儿品种。抗病毒和霜霉病的品种，也抗软腐病。

　　软腐病菌主要在病株和病残体组织中越冬。田间发病的植株、春天带病的采种株、土壤中、堆肥里以及菜窖附近的病残体上都存有大量病菌，是重要的侵染来源。病菌主要通过昆虫、雨水和灌溉水传染，从伤口侵入寄主。由于病菌的寄主范围广，所以能从春到秋在田间各种蔬菜上传染繁殖，不断为害，最后传到白菜、甘蓝、萝卜等秋菜上。

4. 防治方法

　　（1）早期注意防治地下害虫。从幼苗期开始定期检查，发现有菜青虫、小菜蛾等害虫为害时，应立即喷药防治。

　　（2）在软腐病和白斑病混发时，可喷洒72%硫酸链霉素2 000倍液或20%叶枯唑可湿性粉剂500倍液。每隔7~8天喷1次，连续喷洒2~3次。喷药以叶下部和根茎部为主。

三、白菜病毒病

　　大白菜病毒病又称"孤丁病"或花叶病等，发生普遍，为害严重。除为害大白菜外，还侵染萝卜、甘蓝、芥菜、小白菜及油菜等多种十字花科蔬菜。

1. 症状

　　由于病原病毒种群或株系不同，被害蔬菜的种或品种以及环境条件的不同，症状的表现也有差异。大白菜田间幼苗受害，首先心叶出现明脉及失绿，继呈花叶及皱缩。成株被害，轻重不同。重病株叶片皱缩成团，叶硬脆，上有许多褐色斑点，叶背叶脉上亦有褐色坏死条斑，并出现裂痕，病株严重矮化、畸形、不结球。受害较轻的，病株畸形、矮化较轻，有时只呈现半边皱缩，能部分结球。受害最轻的病株不显畸形和矮化，只有轻微花叶和皱缩，能正常结球，但结球内部的叶片上常有许多灰色斑点，品质与耐贮性都较差。重病株的根多不发达，须根很少，病根切面显黄褐色。带病的留种株次年种植后，严重者花梗未抽出即死亡，较轻者花梗弯弯曲曲、畸形，高度不及正常的一半。抽出的新叶显现明脉和花叶。老叶上生坏死斑。花梗上有纵横裂口。花早枯，很少结实，即使结实果荚也瘦小，籽粒不饱满，发芽率低。

2. 病原

病毒病主要由下列 3 种病毒单独或复合侵染所致：芜菁花叶病毒、黄瓜花叶病毒和烟草花叶病毒。

3. 发病规律

病害发生及为害严重程度与白菜受侵的生育期关系很大。幼苗 7 叶期以前最感病，受侵染后多不能结球，为害最重；后期受侵染发病轻。侵染愈早，发病愈重，为害也愈大。苗期气温高、干旱，病毒病发生常较严重。十字花科蔬菜互为邻作，病毒能相互传染，发病重。秋播的十字花科播种期早的，发病重；播种晚的，发病轻。这是由于播种早、遇高温干旱和蚜虫传毒等影响所致。不同的白菜品种对病毒病的抗病性有显著的差异。青帮儿品种比白帮儿品种抗病。

在华北和东北地区，窖藏的白菜及其他十字花科蔬菜如果感染病毒，翌年春暖花开，菜田则易再侵染。有温室及塑料大棚的地区，则成为病毒随越冬寄主循环传播的初侵染来源。四季常青的南方地区，病毒不存在越冬问题，一年四季循环侵染。病毒由一种蔬菜传播到另一种蔬菜，有翅蚜起决定作用。从有效防治角度出发，特别要注意有翅蚜发生量和迁飞时间的早晚。

4. 防治方法

（1）选用抗病品种。

（2）调整蔬菜布局，合理间、套、轮作，发现病株及时拔除。

（3）适期早播，躲过高温及蚜虫猖獗季节，适时蹲苗。

（4）苗期防蚜。

（5）定植后开始喷洒"天达 2116" 1 000 倍液 + "天达裕丰" 1 000 倍液、克毒灵 1 000 倍液、抗毒丰 300 倍液、1.5% 植病灵乳剂 1 000 倍液 + "金云大-120" 1 500 倍液等，隔 10 天喷 1次，连续防治 3 ~ 4 次。

四、白菜细菌性角斑病

大白菜细菌性角斑病在华北、东北地区发生普遍，是大白菜上又一个普遍发生且为害严重的细菌病害。主要为害叶片。除为害白菜外，还为害菜花、甘蓝、油菜、番茄、甜椒、芹菜、萝卜、黄瓜、菜豆等蔬菜。

1. 症状

主要发生在苗期至莲座期或包心初期。初于叶背出现水浸状稍凹陷的斑点，扩大后呈不规则形膜质角斑，病斑大小不等，叶翅部位常有水浸状膜质褪绿色角斑，湿度大时叶背病斑上出现菌脓，叶面病斑呈灰褐色油浸状。干燥时，病部易干，质脆，开裂，常因黑腐病复合侵染，加重腐烂，穿孔。由于细菌性角斑病不为害叶脉，因此，病叶常残留叶脉，很像害虫为害状。前期病叶呈铁锈色或褐色干枯状，后期受害外叶干枯脱落。

2. 病原

病原菌为假单胞杆菌属的丁香致病型，属细菌。

3. 发病规律

发病适温 25 ~ 27℃，相对湿度 85% 以上。多雨特别是暴风雨后发病重。发病与种子的关系密切，如果播的是未经消毒带菌的种子，无病田会变成病田，病田则病害加重。此外，病地重茬或地势低洼、肥料缺乏、植株衰弱、抵抗力差或管理不善，造成植株伤口多，一般发病重。

病菌主要在种子上或随病残体在土壤中越冬。种子上的病菌一般可存活 1 年。播带菌的种子发芽后病菌可侵染叶片，成为初侵染源。另外，随病残体在土壤中越冬的病菌，第二年可通过雨水或灌溉水溅射到叶片上，也是初侵染源。发病后，病部的细菌又借风雨、昆虫、农事操作等传播蔓延，从伤口或自然孔口（如气孔、水孔）侵入进行再侵染。在条件适宜时，潜育期不长，一般 3~5 天，所以容易造成流行。

4. 防治方法

（1）选用抗病品种，一般白帮较青帮类型抗病。

（2）种子用 50℃温水浸种 10 分钟，或用 45% 代森铵水剂 300 倍液浸种 15 分钟。

（3）重病地进行两年以上轮作。高垄高畦栽培，施足粪肥，注意雨后及时排水。

（4）发病初期及时喷布 72% 农用硫酸链霉素 3 000 倍液或 14% 络氨铜 350 倍液等药剂防治。

五、大白菜炭疽病

白菜炭疽病是白菜叶部主要病害之一。各地均有不同程度的发生，其中以长江流域受害最重，一般发病田块可减产 20%~30%，部分地块发病严重的可减产 40%~50%。

1. 症状

大白菜、普通白菜炭疽病主要为害叶片、花梗及种荚。叶片染病，初生苍白色或褪绿水浸状小斑点，扩大后为圆形灰褐色斑，中央略下陷，呈薄纸状，边缘褐色，微隆起，直径 1~3 毫米；发病后期，病斑灰白色，半透明，易穿孔；在叶背多为害叶脉，形成长短不一略向下凹陷的条状褐斑。叶柄、花梗及种荚染病，形成长圆或纺锤形至梭形凹陷褐色至灰褐色斑，湿度大时，病斑上常有朱红色黏质物。此外，该病还侵染芜菁、芥菜等十字花科蔬菜，引起类似的症状。

2. 病原

该病菌称希金斯刺盘孢，属半知菌亚门真菌。

3. 发病规律

在北方早熟白菜先发病，一般早播白菜，种植过密或地势低洼，通风透光差的田块发病重；每年发生期主要受温度影响，而发病程度则受适温期降雨量及降雨次数多少影响，属高温高湿型病害。在湖南衡阳，8~9月份常年均温25~28℃发病重，此间如气温升高、降雨多则导致该病流行。

以菌丝随病残体遗落土中或附在种子上越冬，翌年分生孢子长出芽管侵染，借风或雨水飞溅传播，潜育期3~5天，病部产出分生孢子后进行再侵染。

4. 防治方法

（1）重病地与非十字花科蔬菜进行两年以上轮作，有条件的可进行水旱轮作。

（2）种子处理，用25%溴菌腈可湿性粉剂或25%咪鲜胺锰络化合物可湿性粉剂按种子重量0.3%~0.4%拌种。

（3）发病前加强预防，可采用80%代森锌可湿性粉剂600~800倍液；70%代森联水分散粒剂800~1 000倍液；对水均匀喷雾，视病情间隔7~15天喷1次。

六、大白菜根肿病

根肿病是大白菜常见的主要病害之一，一旦发病，防治难度大，损失很严重。近几年来由于品种、耕作制度不合理等原因，导致大白菜根肿病大面积发生。

1. 症状

主要为害根部。发病初期病株生长迟缓、矮小，基部叶片常在中午萎蔫，早晚恢复。后期基部叶片变黄、枯萎，有时整株枯死。植株受害愈早，发病愈重。病菜根部出现肿瘤，是最明显的特征。白菜、甘蓝、油菜、芥菜等肿瘤多出现在根或侧根上，一般纺锤形、手指形或不规则形，大小不等，大的可如鸡蛋或更大些，小的如小米。在主根上的肿瘤大，数量少；侧根上小，数量较多。萝卜及芜菁等根菜类则在侧根上生肿瘤。主根不变形或根端生瘤。病根初期表面光滑，后期包龟裂、粗糙，也易受其他杂菌的侵染而腐烂。

2. 病原

本病由芸薹根肿菌侵染所致，属黏菌门根肿属真菌。

3. 发病规律

土壤酸碱度对发病的影响较大，酸性土壤适于病菌的侵入和发育，当土壤 pH 值为 5.4~6.5 时发病很重，pH 值 7.2 以上一般发病较轻。土壤温度、湿度与发病的关系也很密切，尤以湿度影响更大。病菌孢子囊的萌发、游动孢子的活动与侵入，要求土壤中有较高的湿度。土壤含水量在 45% 以下，病菌容易死亡，发病不严重。

病菌主要以休眠孢子囊随病残体遗留在土壤中越冬或越夏。病根膨大的细胞内，含有大量的休眠孢子囊，后期病组织龟裂和腐烂后，这些孢子囊即散落到土壤里，在土壤中可以保存 6~7 年之久。一般病菌侵染后 8~10 天就开始形成肿瘤。植株受侵染愈晚，被害愈轻。因为在已经完全形成的根系上，病菌的侵染不易引起重大的变化。病害远距离传播主要依靠病菜根或带菌泥土的转运。田间传播则主要由雨水、灌溉水、昆虫和农具等传带。种子不带菌，但也有可能休眠孢子囊粘附在种子表面上。

4. 防治方法

（1）实行检疫，封锁发病区。虽然根肿病已在许多地区发现，但就全国而言还有一些地区没有发现。有的省、市也只在局部小范围内发现。所以，实行检疫，封锁病区，严禁从病区调运蔬菜和种苗至无病区，是十分必要的。

（2）实行轮作。病田实行水旱轮作或与非十字花科蔬菜轮作 4~5 年，并结合深耕，可以有效地减轻病害。

（3）增施石灰。增施石灰，调整土壤酸度，使变成微碱性，可以减轻发病。在种菜前撒施消石灰（每亩 60~80 千克），然后进行表土浅翻，定植前在畦面或定植穴内浇 2% 石灰水，以后隔 10~15 天再浇 2~3 次，根肿病很少发生。在根肿病发生以后，用石灰水浇于畦面，也可以减轻为害。

（4）选用无病苗床和苗床消毒。选择无病地育苗，移栽定植时注意淘汰病苗。有病菌污染的苗床，可用福尔马林液实行土壤消毒（方法同茄科蔬菜苗期病害相同）。

（5）加强栽培管理。定植菜苗应选择晴天，最好定植后 1~2 周内天气晴朗，发病就轻。定植时下雨或不久遇雨，容易发病。低洼地应注意排水、施肥时必须用充分腐熟的堆肥、若用病根喂猪，要先煮熟，以杀死病菌休眠孢子囊，发现病根要深埋，并在病株穴内施石灰消毒。

（6）药剂防治。五氯硝基苯防治根肿病效果很好，施用方法是栽培前作畦面均匀条施，每亩用药 1.5~3 千克。也可以用 75% 五氯硝基苯可湿性粉剂 700~1 000 倍液，移植前每穴浇 0.25~0.5 千克药液。或在田间发现少量病株时用药液浇灌。

七、小地老虎

小地老虎是一种多食性害虫，寄主范围十分广泛，主要为害玉米、高粱、棉花、烟草、马铃薯和蔬菜。

1. 学名

Agrotis ypsilon Rottemberg，属鳞翅目夜蛾科。

2. 别名

黑地蚕、切根虫、土蚕。

3. 为害特点

一、二龄幼虫将幼苗从茎基部咬断或咬食子叶、嫩叶，常造成缺苗断垄，以至补栽，毁种。

4. 发生规律

在我国长江流域，1年发生4代。以蛹及幼虫在土内越冬。次年3月下旬至4月上旬大量羽化。第一代幼虫发生最多，为害最重。一至二龄幼虫群集幼苗顶心嫩叶，昼夜取食，三龄后开始分散为害，共六龄。白天潜伏根际表土附近，夜出咬食幼苗，并能把咬断的幼苗拖入土穴内。其他各代发生虫数少。成虫夜间活动，有趋光性，喜吃糖、醋、酒味的发酵物。卵散产于杂草、幼苗、落叶上，而以肥沃湿润的地里卵较多。

5. 防治方法

小地老虎的防治应根据各地为害时期，因地制宜。采取以农业防治和药剂防治相结合的综合防治措施。

（1）农业防治。除草灭虫。杂草是地老虎产卵的场所，也是幼虫向作物转移为害的桥梁。因此，春耕前进行精耕细作，或在初龄幼虫期铲除杂草，可消灭部分虫、卵。

（2）物理防治。结合黏虫用糖、醋、酒诱杀液或甘薯、胡萝卜等发酵液诱杀成虫。用泡桐叶或莴苣叶诱捕幼虫，于每日清晨到田间捕捉；对高龄幼虫也可在清晨到田间检查，如果发现有断苗，拨开附近的土块，进行捕杀。

（3）化学防治。对不同龄期的幼虫，应采用不同的施药方法。幼虫三龄前用喷雾，喷粉或撒毒土进行防治；三龄后，田间出现断苗，可用毒饵或毒草诱杀。①喷雾。每公顷可选用50%辛硫磷乳油750毫升或2.5%溴氰菊酯乳油或40%氯氰菊酯乳油300~450毫升、90%晶体敌百虫750克，对水750升喷雾。喷药适期应在有虫3龄盛发前。②毒土或毒沙。可选用2.5%溴氰菊酯乳油90~100毫升或50%辛硫磷乳油或40%甲基异柳磷乳油500毫升加水适量，喷拌细土50千克配成毒土，每公顷300~375千克顺垄撒施于幼苗根标附近。③毒饵或毒草。一般虫龄较大时可采用毒饵诱杀。可选用90%晶体敌百虫0.5千克或50%辛硫磷乳油500毫升，加水2.5~5升，喷在50千克碾碎炒香的棉籽饼、豆饼或麦麸上，于傍晚在受害作物田间每隔一定距离撒一小堆或在作物根际附近围施，每公顷用75千克。毒草可用90%晶体敌百虫0.5千克，拌砸碎的鲜草75~100千克，每公顷用225~300千克。

八、菜青虫

菜青虫是十字花科蔬菜上最常见的害虫，其成虫叫菜粉蝶，在国内主要有5种，即菜粉蝶、斑粉蝶、大菜粉蝶、东方粉蝶、褐脉粉蝶，均属于鳞翅目粉蝶科，世界各国均有分布。其中，菜粉蝶是我国分布最广，为害最严重的虫害之一。

1. 学名
Pieris rapae Linnaeus，鳞翅目，粉蝶科。

2. 别名
菜白蝶、白粉蝶。

3. 为害特点
幼虫咬食寄主叶片，二龄前仅啃食叶肉，留下一层透明表皮，三龄后蚕食叶片，严重时叶片全部被吃光，只残留粗叶脉和叶柄，造成绝产，易引起白菜软腐病的流行。菜青虫取食时，边取食边排出粪便污染。幼虫共五龄，三龄前多在叶背为害，三龄后转至叶面蚕食，四至五龄幼虫的取食量占整个幼虫期取食量的97%。

4. 发生规律

该虫1年发生多代，在我国由北到南代数逐渐增加。云南通常8～10代，在各地发生代数不一样。昆明气候温和，十字花科蔬菜一年四季都有，故菜青虫随时可见，春末夏初（4～6月）和秋末冬初（9～11月）为发生盛期。云南气候多样，各地菜粉蝶多以蛹越冬，越冬场所多在秋季被害地附近的土缝、杂草、树干、篱笆或残株落叶间，较干燥且阳光不直射的环境里化蛹越冬。成虫交尾后2～3天开始产卵，卵期4～8天，幼虫期11～12天。蛹期，除越冬蛹长达数月外，一般为5～16天。成虫寿命约2～5周。

成虫只在白天活动，晚上栖息在生长茂密的植物上。通常在早晨露水干后开始活动，尤其是晴天中午活动最盛，这时它们经常出现在花丛中吸食花汁并产卵。成虫产卵时，对芥子油有趋性，而芥子油为十字花科所特有的，故卵多产在十字花科蔬菜上，尤以甘蓝和花椰菜上产卵最多。卵散产，成虫在菜园上飞翔时，在菜株上每停歇1次，即产1粒卵。夏季卵多产在叶片背面，冬季多产在叶片正面，少数产在叶柄上。每只雌虫平均产卵120粒左右，以越冬代与第1代产卵量多。

卵多在清晨孵化，初孵幼虫先吃卵壳，后取食叶片。1～2龄幼虫受惊时，有吐丝下坠的习性，大龄幼虫则卷缩虫体坠落地面。幼虫行动迟缓，但老熟幼虫能爬行较远去寻找化蛹场所。多在菜叶背面或正面化蛹，化蛹前吐丝于尾足缠结于菜叶或附着物上，再吐丝缠绕腹部第1节而化蛹。

当温度在16～31℃、相对湿度68%～80%时均适宜菜青虫发育，最适温度为20～25℃，相对湿度在76%左右。

5. 防治方法

（1）农业防治。清洁田园，十字花科蔬菜收获后，及时清除田间残株老叶，减少菜青虫繁殖场所和消灭部分蛹。

（2）化学防治。一般在卵高峰后 1 周左右，即幼虫孵化盛期至 3 龄幼虫前用药，连续使用 2~3 次，可以选用 10% 除尽悬浮剂 10 毫升/亩，20% 灭幼脲 1 号悬浮剂和 25% 灭幼脲 3 号悬浮剂 1 000 倍液喷雾。防治时要注意抓住防治适期，在田间产卵盛期和幼虫孵化初期喷药。根据菜青虫习性，于早上或傍晚在植株叶片背面正面均匀喷药，可有效防治菜青虫的为害。

九、甜菜夜蛾

甜菜夜蛾在我国分布较广，食性甚杂，高龄幼虫食量大，抗性强。主要为害甜菜、白菜、花椰菜、苋菜、胡萝卜、莴苣、番茄、甜椒、茄子、马铃薯、黄瓜、西葫芦、韭菜、茴香、蕹菜、芹菜、菜豆、豇豆、芦笋、菠菜等多种蔬菜。

1. 学名

Spodoptera exigua Hübner，鳞翅目，夜蛾科。

2. 别名

贪夜蛾、玉米叶夜蛾、白菜褐夜蛾、苋菜虫等。

3. 为害特点

初孵幼虫群集叶背、吐丝结网，啃食叶肉，只留表皮，成透明的小孔，三龄后分散为害，可将叶片吃成孔洞状。四至五龄可将叶片食尽，仅留叶脉或叶柄。幼苗受害导致大批死亡，造成严重缺苗断垄，甚至毁种。此外还可蛀食青椒、番茄果实，造成落果、烂果。

4. 发生规律

生活习性在北方地区 1 年发生 4~5 代，长江流域 6 代，浙江6~7代，我国台湾省11代，世代重叠。以蛹在土室内越冬，而在热带、亚热带地区可周年连续发生，无越冬现象。成虫白天隐藏在杂草、土块、土缝、枯枝落叶等处，夜间20：00~23：00时活动最盛，进行取食、交尾和产卵。趋光性强而趋化性弱。卵多产于叶背面，叶柄或杂草上，卵块单层或双层，上覆盖绒毛。初孵幼虫群集咬食叶片，四龄后食量增大，五至六龄食量占全幼虫期食量88%~92%，老熟幼虫入土化蛹，有假死习性，虫口过多时，有相互残杀现象；当气温高又缺乏食料时，有成群迁移习性。一般严重为害期为7~9月，有的地区至9月中旬。由于幼虫、蛹抗寒力弱，所以北方地区冬季易部分死亡，造成来年的间歇性局部大发生。而南方地区如春季雨水少，梅雨明显提前，夏季炎热，则秋季发生严重，已成为重要的常发性害虫；三龄后幼虫抗药性强，给防治工作增加了难度。此虫天敌有侧沟茧蜂、白僵菌、病毒、螳螂和蛙类等，其中，白僵菌寄生较强，其他天敌抑制作用较弱。

5. 防治方法

（1）农业措施。冬季深翻灌溉，可消灭大量越冬蛹；因卵以块状产在叶背面，且初龄幼虫集中为害，所以农事操作时摘掉有卵块和初孵幼虫的叶片销毁。

（2）诱杀防治。成虫发生期，在田间设置黑光灯诱杀。

（3）药剂防治。在幼虫三龄以前，用90%灭多威可溶性粉剂5 000倍液或48%毒死蜱2 000倍液或20%杀灭菊酯2 000倍液，喷雾防治。

参考文献

［1］张学庆，杨刊，孙玉龙．黄瓜主要病虫害综合防治技术，农民致富之友，2012（7）：54

［2］吴晓云，姚卫华．西瓜主要病虫害的防治，农业科技通讯，2007（2）：50

［3］党秋玲，余超，王祯丽．甜瓜主要病虫害及其防治，中国西瓜甜，2004（4）：39～41

［4］张吉学．棚室西葫芦病虫害无公害防治技术，农业知识：反果菜，2005（4）：5

［5］沈福弟，沈进高，孙军，等．番茄主要病虫害防治技术，上海蔬菜，2009（5）：72～73

［6］张旭辉．茄子主要病虫害发生症状与防治措施，现代农业科技，2012（21）：156，158

［7］韩凤英，秦咏梅，国淑梅，等．辣椒病虫害综合防治技术，中国果菜，2011（2）：23～25

［8］杨瑛，佘丹萍，李剑峰，等．马铃薯病虫害综合防治技术，西北园艺：蔬菜，2011（6）：31～32